Stefan Fischer

Cannabis zu Hause anbauen

für Anfänger

Das ultimative Cannabis-Buch für Indoor, Outdoor, Pflege und eine große Ernte – inkl. der besten Cannabis-Sorten, Grow Hacks, Materialliste und Autoflowering

EULOGIA
VERLAG

Bibliografische Information der Deutschen Nationalbibliothek.

Die Deutsche Nationalbibliothek verzeichnet diese Publikation in der Deutschen Nationalbibliografie; detaillierte bibliografische Daten sind im Internet über http://dnb.dnb.de abrufbar.

Für Fragen und Anregungen:
info@eulogiaverlag.de

ISBN Hardcover: 978-3-96967-635-6
ISBN eBook: 978-3-96967-636-3

Originale Erstauflage 2026

Eulogia Verlags GmbH
Gerhofstraße 1–3
20354 Hamburg

Lektorat: Sandra Pichler
Satz und Layout: Tomasz Dębowski
Umschlaggestaltung: Aleksandar Petrović

Inhaltsverzeichnis

Warum du dieses Buch brauchst

Mal Hand aufs Herz: Dass du dieses Buch gerade liest, hat einen ganz bestimmten Grund. Du hast Bock, endlich dein eigenes Ding durchzuziehen. Du willst deine eigenen Hanfpflanzen anbauen – legal, stressfrei und ohne böse Überraschungen.

Ganz egal, ob du im Garten schon ganze Armeen von Tomaten und Paprika großgezogen hast oder die Gießkanne bisher nur von Besuchen bei Oma kennst: Damit dein erster Grow nicht im Chaos endet, habe ich dieses Buch geschrieben. Wir lassen die komplizierten Fachbegriffe im Labor und konzentrieren uns auf das, was wirklich zählt: eine vernünftige Ernte und Spaß an der Sache.

Ich weiß genau, wie sich der Anfang anfühlt. Die Vorfreude ist riesig, aber je mehr du recherchierst, desto größer wird das Fragezeichen über deinem Kopf. Das Internet ist voll, aber jeder erzählt etwas anderes. Der eine schwört auf High-Tech-Hydroponik, der nächste verteufelt alles außer Bio-Erde, und in den Foren eskaliert gerade die dritte Grundsatzdebatte über das „einzig wahre" Lichtspektrum.

Du stehst dazwischen, schaust auf deine leeren Töpfe, in denen du gerne deine ersten Cannabispflanzen sehen würdest, und denkst dir nur: „Leute, im Ernst? Kann mir nicht einfach mal jemand kurz und knapp erklären, wie ich das Zeug großkriege?!"

Genau da komme ich ins Spiel.

Mein Name ist Stefan, und ich liebe Pflanzen. Schon seit Jahren. Ich habe alles angepflanzt, was irgendwie Wurzeln schlägt – und meine Lehrer waren von Beginn an meine Mutter und mein Vater. Ich habe dabei schon die eine oder andere Erfahrung gemacht, und für alle Anfänger da draußen: Es wird auch nicht alles direkt von Anfang an perfekt klappen. Aber so wie bei mir wird es auch bei dir nach und nach viel klarer und einfacher. Damit dir der Einstieg ins Thema möglichst gut gelingt und du Freude an dem neuen Hobby bekommst, habe ich dieses Buch geschrieben. Ich teile gerne meine Erfahrung und kann nach vielen Jahren sagen, dass mein Daumen recht grün geworden ist. Da dachte ich mir irgendwann: Warum nicht meine Erfahrungen teilen?

Egal ob Cannabis, Tomate oder Gänseblümchen – Pflanzen sind der Wahnsinn!

Also habe ich meinen YouTube-Kanal „Pott Planter“ gegründet und angefangen, Videos über Zimmerpflanzen zu machen: wie man sie pflegt, warum sie manchmal eingehen und wie man sie zum Blühen bringt. Auf Instagram habe ich viele Videos veröffentlicht, in denen ich meine Tipps für Nutzpflanzen wie Tomaten, Gurken, Zucchini und Co. verrate. Und dann kam 2024 – das Jahr, in dem Cannabis in Deutschland endlich legal wurde.

Das war mein Zeichen.

Denn wenn man sich ansieht, was für ein Zeug über den Anbau von Hanfpflanzen verbreitet wird, kann man nur mit dem Kopf schütteln. Komplizierte Anleitungen, veraltete Mythen, Panikmache – dabei ist es gar nicht so schwer, wenn man die richtigen Infos hat. Deshalb gibt es jetzt dieses Buch.

Hier findest du alles, was du für den Anbau deiner eigenen Hanfpflanze wissen musst, ganz ohne ohne Bullshit und ohne Fachchinesisch. Einfach, verständlich und auf den Punkt.

- ✔ Gesetze und Sicherheit – damit du von Anfang an auf der sicheren Seite bist.
- ✔ Anbau von A bis Z – von der Samenwahl bis zur perfekten Ernte.
- ✔ Blüte-Boost und Ertrag maximieren – ohne Schnickschnack, sondern mit Technik, die wirklich funktioniert.
- ✔ Häufige Fehler vermeiden – denn wer will schon Schimmel, Spinnmilben oder kümmerliche Buds?
- ✔ Extra-Themen für Nerds – Mutationen, Stecklinge, Strain-Wahl. Alles, was den Anbau noch geiler macht.

Und das Beste? Es wird locker und unterhaltsam, so wie meine Videos. Kein trockenes Wissenschafts-Gelaber. Nur ehrliche Tipps von jemandem, der sich selbst nicht zu ernst nimmt und einfach aus der eigenen Erfahrung aus dem eigenen Garten spricht.

Wenn du nach dem Lesen trotzdem noch Fragen hast – oder einfach sehen willst, wie das Ganze in der Praxis aussieht –, dann schau auf meinem YouTube-Kanal „Pott Planter“ vorbei. Da gibt’s regelmäßig neue Videos, Anbau-Experimente und Tipps, die dir das Grower-Leben erleichtern:

Auf Instagram kannst du mich gerne auch besuchen:

QR-Code scannen, abonnieren und loslegen. Viel Spaß mit deinem ersten legalen Grow! Wir starten direkt rein, ohne langes Vorgeplänkel!

Dein Stefan

Grüner Daumen, große Buds – Dein Weg zur perfekten Pflanze

Bevor wir zum fachlichen Teil kommen: Cannabis-Anbau ist kein Laborversuch, sondern das echte Leben. Und das echte Leben ist manchmal chaotisch, es läuft nicht immer, wie man es sich vorstellt, ist stinkig oder schlichtweg absurd. Damit du aus meinen Fehlern lernst (oder zumindest über mich lachen kannst), habe ich im ganzen Buch meine persönlichen „Potti-Stories“ verteilt, die du an der grünen Schrift erkennst. Sie sollen dir zeigen, dass komische Dinge passieren können und – selbst wenn mal eine Amsel deine Babys entführt oder der Sturm zuschlägt – am Ende immer irgendwo eine schöne, gut riechende Blüte wächst.

Okay, du hast also Bock, endlich selbst anzubauen – aber keine Sorge, du musst keinen grünen Daumen haben, um eine richtig gute Ernte einzufahren. In diesem Hauptteil geht's um alles, was du brauchst, um aus einem winzigen Samen eine starke, gesunde Pflanze mit ordentlichen Blüten zu ziehen.

Egal, ob du komplett neu im Thema bist oder schon ein bisschen Erfahrung hast: Hier findest du die wichtigsten Basics, smarte Grower-Tricks und Lösungen für die typischen Probleme, die jeder mal hat. Von der Auswahl des richtigen Saatguts über Keimung, Nährstoffe und Bewässerung bis hin zu Schnitttechniken und einer anständigen Ernte – du bekommst einen klaren, einfachen Fahrplan, der dich Schritt für Schritt begleitet.

Am Ende wirst du nicht nur wissen, wie du deine Pflanzen optimal versorgst, sondern auch, wie du die typischen Anfängerfehler vermeidest und das beste Kosten-Nutzen-Verhältnis aus deinem Grow herausholst. Also schnapp dir deine Samen (falls du schon welche hast), lies weiter – und mach dich bereit für deine eigene spannende Reise vom Samen bis zur Ernte.

Hol das Beste aus deinen Pflanzen raus – los geht's!

Anbauen ohne Ärger – Was du wissen musst

Ja, ich weiß – niemand hat Lust, sich durch Paragrafen zu wühlen. Das klingt ungefähr so spannend wie eine Anleitung zur Steuererklärung. Aber wenn du Cannabis anbaust, solltest du wissen, was erlaubt ist und was nicht. Denn selbst wenn du alles mit bester Absicht machst, kannst du in rechtliche Grauzonen geraten oder im schlimmsten Fall richtig Ärger bekommen.

Ich habe hier die wichtigsten Punkte für dich zusammengefasst – verständlich, ohne Juristendeutsch und mit Fokus darauf, was wirklich wichtig ist. Damit du dich ganz sicher im legalen Rahmen bewegst und deinen Anbau genießen kannst, ohne ständig über mögliche Konsequenzen nachzudenken, solltest du dich aber auch noch einmal selbst intensiv mit dem Thema beschäftigen. Das kannst du beispielsweise ganz bequem auf der Webseite des Bundesministeriums für Gesundheit tun. Auf diesen beiden Seiten findest du zum Beispiel schon eine Menge nützlicher Infos:

Fragen und Antworten zum Cannabisgesetz:

FAQ zur Legalisierung von Cannabis:

Beachte nicht nur die Gesetze zum Thema Anbau, sondern auch rund um die Themen Konsum, Kinder- und Jugendschutz, Straßenverkehr etc.

Legal oder illegal? Das ist hier die Frage

Seit dem 1. April 2024 hat sich in Deutschland einiges verändert: Cannabis ist grundsätzlich nicht mehr illegal, aber es gibt klare Regeln, die du kennen solltest, wenn du selbst anbaust. Denn nur weil etwas erlaubt ist, heißt das noch lange nicht, dass du einfach machen kannst, was du willst. Damit du keinen Ärger bekommst, klären wir hier, was erlaubt ist und was nicht. Das hier ist übrigens der Stand zum Zeitpunkt Sommer 2025, und definitiv ist das Folgende keine professionelle rechtliche Beratung. Für so etwas gibt's Spezialisten, aber das sollte an dieser Stelle hoffentlich jedem klar sein.

Eigener Anbau: Drei Pflanzen pro Person

Ja, du darfst Cannabis zu Hause selbst anbauen, aber nur bis zu drei Pflanzen pro erwachsene Person. Klingt erst mal simpel, aber es gibt ein paar Haken: Die Pflanzen müssen an einem gesicherten Ort stehen, also nicht einfach offen im Garten oder auf dem Balkon, wo jeder rankommt. Kinder oder Nachbarn dürfen keinen Zugriff haben. Wenn du mit anderen Erwachsenen in einem Haushalt wohnst, darf jede Person ihre drei Pflanzen anbauen. Aber Achtung: Auch wenn ihr zu viert seid, dürft ihr nicht plötzlich zwölf Pflanzen in einer professionellen Zuchtanlage betreiben. Es sollte eine klare Abgrenzung zwischen den Pflanzen geben. Ein Tipp dabei ist, die Pflanzen nicht nur räumlich klar voneinander zu begrenzen, sondern darüber hinaus auch mit dem Namensschild des jeweiligen Besitzers aus der Wohngemeinschaft zu kennzeichnen.

Wie viel darf ich besitzen?

Auch nach der Ernte gibt es Grenzen. Zu Hause darfst du maximal 50 Gramm getrocknetes Cannabis lagern. In der Öffentlichkeit sind bis zu 25 Gramm erlaubt. Das heißt: Falls du erntest und deine drei Pflanzen mehr als 50 Gramm abwerfen, solltest du dir genau überlegen, wie du den Überschuss sicher und legal verwahren kannst. Denk dran: Im frischen Zustand wiegt deine Ernte vielleicht 80 Gramm, aber nach der Trocknung bleiben dann nur ca. 20–25 % des Nassgewichts übrig. Kalkuliere also, was du behalten darfst. Zum Thema Trocknung aber später mehr.

Bei einem Mehrpersonenhaushalt muss die gelagerte Ernte auch klar voneinander getrennt sein. Also lagere deine 50 Gramm für dich am besten separat in einem eigenen Behälter und kennzeichne ihn bestenfalls auch mit deinem Namen.

Cannabis-Clubs: Der legale Weg zum Anbau in der Gruppe

Falls dir der Eigenanbau zu aufwendig ist oder du mehr möchtest, kannst du einem Cannabis-Social-Club beitreten. Seit dem 1. Juli 2024 dürfen solche Clubs gegründet werden, in denen sich bis zu 500 Mitglieder zusammenschließen und gemeinsam Cannabis anbauen. Das klingt zunächst nach einer Goldgrube für Grower, aber es gibt strenge Regeln:

- Kein öffentlicher Verkauf: Die Clubs dürfen das Cannabis nur an ihre Mitglieder weitergeben, nicht an Außenstehende.
- Verbotener Konsum auf dem Clubgelände: Ja, du kannst dir dort deine Blüten abholen, aber nicht direkt vor Ort rauchen.
- Begrenzte Abgabe: Maximal 50 Gramm pro Mitglied pro Monat, für unter 21-Jährige sind es sogar nur 30 Gramm.

Wo darf ich kiffen – und wo nicht?

Nur weil Cannabis legal ist, heißt das nicht, dass du es überall konsumieren darfst. Es gibt klare Verbotszonen:

- Kein Konsum in der Nähe von Schulen, Kitas oder Spielplätzen (100 Meter Abstand)
- In Fußgängerzonen zwischen 7:00 und 20:00 Uhr ist Kiffen tabu
- In Cannabis-Clubs ist der Konsum verboten

Selbst wenn du dein Gras legal anbaust, solltest du dir also genau überlegen, wann und wo du es konsumierst. Ein Joint mitten in der Innenstadt um die Mittagszeit? Schlechte Idee. Da appelliere ich aber auch an die Vernunft jedes Einzelnen.

Was passiert, wenn ich gegen die Regeln verstoße?

Das neue Gesetz hat klare Strafen für Verstöße vorgesehen:

- Mehr als drei Pflanzen? Das kann als Ordnungswidrigkeit oder sogar als Straftat gewertet werden.
- Mehr als 50 Gramm zu Hause? Hier drohen Bußgelder oder im schlimmsten Fall ein Verfahren.
- Öffentlicher Konsum in Verbotszonen? Das kann je nach Fall ein Bußgeld nach sich ziehen.

Also: Ja, der Eigenanbau ist endlich legal, aber nur innerhalb klarer Grenzen. Wer sich an die Regeln hält, kann seine Pflanzen ganz entspannt wachsen lassen, ohne Angst vor rechtlichen Konsequenzen haben zu müssen. Wer sich nicht informiert oder glaubt, alles sei jetzt erlaubt, kann aber schnell Probleme bekommen. Halte dich daher an die Limits, baue verantwortungsvoll an und genieße die neuen Freiheiten – aber mit Köpfchen.

Unsichtbar bleiben: Schutz vor Diebstahl & neugierigen Blicken

Privatsphäre & Diskretion: Dein Anbau, deine Sache

Egal, ob du drinnen oder draußen anbaust, eines solltest du dir zu Herzen nehmen: Deine Pflanzen gehören dir, und das muss nicht sofort die ganze Nachbarschaft wissen. Nicht unbedingt aus Angst, sondern einfach für deinen Seelenfrieden. Es gibt immer noch Leute, die Cannabis skeptisch gegenüberstehen. Vielleicht hast du den klassischen Nachbarn, der nur darauf wartet, sich über irgendetwas aufzuregen, und neue Schlagzeilen produzieren will. Solche Konflikte braucht kein Mensch. Damit dein Hobby genau das bleibt – nämlich deine entspannte Leidenschaft –, schauen wir uns an, wie du diskret und stressfrei bleibst.

Outdoor: Gärtnern mit Köpfchen

Wenn du unter freiem Himmel anbaust, gelten ein paar simple Regeln für ein entspanntes Miteinander. Erstens: der Standort. Klar, dein Garten ist deine Hood, aber muss die Zwei-Meter-Pflanze direkt am Zaun zum konservativen Nachbarn stehen? Eher nicht. Wähle einen Platz, der nicht direkt auf dem Präsentierteller liegt. Je weniger Aufsehen dein Garten erregt, desto weniger musst du erklären.

Cannabis-Mutationen sind nicht nur eine gute Tarnung, sondern einfach nur wow! In diesem Fall ist das die Mentha de Croco von TerpyZ. Mehr dazu gibt's dann im Bonuskapitel.

Dann ist da noch der Geruch. Machen wir uns nichts vor: In der Blütephase duftet Cannabis intensiv. Man liest oft den Tipp, man solle Lavendel oder Tomaten daneben pflanzen, um den Geruch zu überdecken. Ganz ehrlich? Vergiss es. Gegen eine blühende Cannabispflanze hat Lavendel keine Chance. Was aber wirklich hilft, ist optische Tarnung. Es gibt mittlerweile spezielle Züchtungen (sogenannte „Stealth-Strains" oder Mutationen wie die Mentha de Croco oder eine ABC-Genetik), deren Blätter aussehen wie Farn, Entenfüße oder Basilikum und nicht wie der klassische Hanf. Die erkennt der Laie oft gar nicht. Selbst Grower kommen teilweise erst nach dem zweiten Blick darauf, dass es sich um eine Cannabispflanze handelt. Übrigens finde ich dieses Thema so spannend, dass es dazu im späteren Verlauf des Buches ein eigenes Kapitel gibt.

Zurück zum Thema, wie du deinen eigenen Anbau im Garten richtig „verpackst". Die Antwort: Mischkultur! Stell deine Mädels einfach zwischen andere Pflanzen. Das sieht nicht nur schön aus, sondern macht die Cannabispflanze fast unsichtbar.

Das Outing am Gartenzaun

Wochenlang bin ich wie ein Geheimagent durch meinen Garten geschlichen. Die Legalisierung war gerade mal drei Monate her. Die Pflanze war mittlerweile aber schon locker über einen Meter hoch und der Geruch war ... sagen wir mal, dezent auffällig. Ich dachte, meine Nachbarn müssten das doch mitkriegen – aber keiner sagte was. Na ja, ich behalte auch generell gerne Sachen für mich. Es muss ja keiner wissen, was ich im Garten anbaue oder nicht.

Irgendwann standen mein Nachbar und ich am Gartenzaun, der Wind drehte ungünstig und die Duftwolke traf ihn direkt ins Gesicht. Er stutzte, schaute über die Hecke, sah das Monster im Topf und grinste übers ganze Gesicht: „Mensch, die sieht ja besser aus als meine damals in den 80ern!" Wir haben den restlichen Nachmittag über alte Zeiten gequatscht. Manchmal ist Ehrlichkeit (oder ein kräftiger Windstoß) der beste Eisbrecher.

Indoor: Kein Dauerflutlicht für die Nachbarschaft

Drinnen hast du es leichter, aber auch hier gibt es zwei Dinge, die du aus Respekt (und Eigeninteresse) beachten solltest. Nummer eins: das Licht. Manche haben die Pflanzen im offenen Raum einfach unter einer Growlampe stehen. Das birgt natürlich einige Komplikationen. Vor allem, wenn das Licht auch nachts läuft und das grelle Licht fast rund um die Uhr aus deinem Wohnzimmer zum Nachbarn scheint. Wenn du ein Zelt oder eine Kammer nutzt, achte darauf, dass sie lichtdicht sind. Viele Grow-Lampen haben ein sehr helles oder spezielles Lichtspektrum. Wenn es nachts aus deinem Fenster leuchtet, könnte es dauerhaft zu nervigen Nachfragen kommen. Zudem könnte das Licht auch deinen Mitbewohner nerven. Ach, und aus gärtnerischer Perspektive ist das auch deshalb blöd, weil das Licht Insekten anzieht. Das geöffnete Fenster an einem dämmrigen, leicht feuchten Frühlingsabend ist eine große Willkommensreklame für Blattläuse, Trauermücken und Thripse. Das muss nicht sein und lässt sich mit einfachen Mitteln ver-

Beim Indoor-Grow sorgen ein Grow-Zelt und Aktivkohlefilter für entspanntes Anbauen.

hindern: eine vernünftige Growbox benutzen, Fenster schließen oder Rollläden herunterlassen. Achte nur darauf, dass du regelmäßig lüftest, damit die Feuchtigkeit entweichen kann und ein Luftaustausch stattfindet. Womit wir zum nächsten Punkt kommen.

Nummer zwei: der Geruch. Indoor staut sich nicht nur Feuchtigkeit, sondern auch der Duft extrem. Hier kommen Aktivkohlefilter (AKF) ins Spiel. Meine Meinung? Ein AKF ist eine Frage der Höflichkeit und der Wohnsituation. Wohnst du allein im Wald? Dann ist es egal. Wohnst du in einem Mehrfamilienhaus? Dann ist ein Filter fast Pflicht, um den Hausfrieden zu wahren. Denn auch wenn es legal ist: Nicht jeder Nachbar möchte, dass das ganze Treppenhaus nach deiner Ernte riecht. Es vermeidet einfach unnötigen Stress und sorgt dafür, dass du entspannt dein Ding machen kannst.

Story: Das „Paket-Dilemma"

Der Filter war noch nicht installiert, weil ich dachte: „Ach, in der zweiten Blütewoche riecht man doch noch nichts." Dann klingelte der Postbote. Er stand an der Tür, schnüffelte kurz und sagte mit einem breiten Grinsen: „Schönes Hobby haben Sie da, riecht nach Spitzenqualität!" Ich stammelte irgendwas von „exotischen Kräutern in der Küche". Er hat nur gelacht und meinte, er growt auch.

Seit diesem Tag weiß ich: Deine Nase gewöhnt sich an den Duft, aber die Außenwelt riecht deine Ernte schon drei Meilen gegen den Wind. Der Aktivkohlefilter ist kein Extra – er ist eine Lebensversicherung für den sozialen Frieden. Vor allem, wenn deine Nachbarn eher schlecht auf das Thema zu sprechen sind.

Dein Grow, dein Umfeld – und ganz viel Fingerspitzengefühl

Bevor wir gleich starten, noch schnell eine Sache, die mir wichtig ist! Lass uns mal kurz hinsetzen und ganz ehrlich darüber reden, wie du das Thema Cannabis in deinem Umfeld behandelst. Denn sind wir mal realistisch: Auch wenn wir 2026 haben und der Anbau legal ist, spukt in vielen Köpfen noch das Gespenst von früher herum.

Man kann es den Leuten teilweise gar nicht übel nehmen. Über Jahrzehnte wurde ihnen in den Medien eingehämmert, dass Cannabis die „Einstiegsdroge ins Verderben" ist. Die meisten, die nach der Legalisierung nach wie vor skeptisch die Nase rümpfen, haben sich nie differenziert damit auseinandergesetzt. Warum sollten sie auch? Der Klick-Moment kommt bei vielen erst, wenn sie merken: „Huch, der nette Nachbar von nebenan konsumiert ja auch mal am Wochenende – und ist trotzdem ein ganz normaler Typ." Oder wenn sie mitbekommen, dass es für jemanden im Bekanntenkreis eine echte medizinische Hilfe ist. Solange diese persönlichen Berührungspunkte fehlen, bleibt oft nur das alte Vorurteil.

Kein Grund, sich ertappt zu fühlen

Deshalb mein Rat an dich: Wenn du Besuch hast und jemand plötzlich die Pflanze im Garten entdeckt oder den typischen Duft im Flur wahrnimmt – zuck nicht zusammen wie ein ertappter Teenager. Du machst nichts Falsches. Behandle es als das, was es ist: ein Genussmittel, ein Hobby oder deine selbst angebaute Medizin. Du tust nichts anderes als jemand, der sich entzündungshemmende Kräuter anbaut oder sich einen Weinkeller einrichtet. Solange du verantwortungsvoll und in Maßen damit umgehst, ist das völlig normal. Du musst dich nicht rechtfertigen, nur weil du gärtnerst.

Brücken bauen, statt Mauern hochziehen

Trotzdem brauchst du nicht jedem deine Pflanzen unter die Nase zu reiben. Es geht nicht darum, Leute krampfhaft zu überzeugen, sondern ein Gespür dafür zu entwickeln, wer bereit für das Thema ist und wer noch Zeit braucht. Wenn du merkst, dass dein Gegenüber noch voll in den alten Denkmustern steckt, musst du das nicht an Ort und Stelle ausdiskutieren. Ein Gesetz lässt sich per Unterschrift ändern, aber eine Gesellschaft braucht Zeit, um umzudenken. Das Stigma muss erst langsam aus den Köpfen rauswachsen. Du kannst die Schublade bei den ganzen Inhalten, die darin liegen, nicht einfach zuknallen. Es braucht seine Zeit und das gewisse Fingerspitzengefühl.

Sieh es so: Du bist Teil dieser Normalisierung, indem du entspannt und verantwortungsvoll bist. Aber du entscheidest, wann und wem du davon erzählst. Je gelassener du damit umgehst, desto weniger Angriffsfläche bietest du für eben genau dieses Schubladendenken.

Genieß dein Hobby, lass den Leuten ihre Zeit zum Umdenken und konzentrier du dich auf das, was uns beide hierhergebracht hat: Wir wollen herausfinden, was deine Pflanzen brauchen, um dir eine schöne Ernte zu bescheren. Und genau das gehen wir jetzt an. Let’s go!

Grower-Basics: Woche 1–3

Lass uns starten! In diesem Kapitel legen wir die Grundlage für deine ersten erfolgreichen Schritte in die Welt des Cannabis-Anbaus. Du wirst lernen, worauf es beim Start ankommt, welche typischen Anfängerfehler du vermeiden solltest und wie du mit möglichst wenig Aufwand die besten Ergebnisse erzielst. Der Fokus liegt darauf, dir eine stabile Basis zu geben, die du für alle weiteren Schritte nutzen kannst. Dabei ist es egal, ob du drinnen auf der Fensterbank, draußen auf dem Balkon oder im Garten anbaust, die Prinzipien sind grundsätzlich immer die gleichen.

Du fragst dich vielleicht: Warum ist der Start so wichtig? Ganz einfach – nicht nur, weil es unheimlich frustrierend sein kann, wenn ein Samen direkt zu Beginn nicht keimt oder eine sehr schlechte Genetik eine sehr traurige Pflanze zur Welt bringt, sondern es gilt (wie bei allem im Leben) auch hier: Was du säst, das wirst du ernten. Wenn du mit qualitativ hochwertigem Saatgut und den richtigen Bedingungen startest, legst du den Grundstein für gesunde Pflanzen und eine erfolgreiche Ernte. Aber Achtung: Perfektion ist nicht nötig! Vor allem als Anfänger darfst du dir erlauben, Fehler zu machen.

Stell dir vor, du startest mit Samen in einer 100 % Topqualität und gibst dir Mühe, alles so gut wie möglich umzusetzen. Selbst wenn du zwischendurch kleine Fehler machst, erreichst du am Ende immer noch 70–80 % deiner potenziellen Ernte. Startest du hingegen mit minderwertigem Saatgut oder unzureichenden Bedingungen, wirst du auch mit viel Aufwand keine optimalen Ergebnisse erzielen.

Merke dir: Dein Ziel ist es, mit den besten Voraussetzungen zu starten und Spaß am Anbau zu haben. Denn am Ende geht es nicht nur darum,

Der nächste Grow kann noch so perfekt eingestellt sein – wenn die Genetik der Pflanze schlecht ist, wirst du trotzdem Probleme kriegen. Entscheide dich also für einen vertrauenswürdigen Hersteller.

die maximale Ernte herauszuholen. Entscheidend ist, die Freude am Gärtnern zu entdecken und deinen eigenen Pflanzen beim Wachsen zuzuschauen.

Und ganz wichtig: Pflanzen zu züchten ist keine Wissenschaft, sondern Gärtnerei. Es muss nicht alles perfekt steril und hochprofessionell sein – im Gegenteil! Der Fokus liegt darauf, deinen grünen Daumen zu entdecken, kreativ zu werden und zu sehen, wie aus einem winzigen Samen etwas Großartiges wächst.

Vielleicht denkst du: „Ist das nicht alles zu kompliziert?“ Keine Sorge, das ist es nicht. Ob du nun als Indoor- oder Outdoor-Grower durchstarten willst, die Grundprinzipien bleiben wie erwähnt gleich, und du wirst sehen, wie schnell du Fortschritte machst und wie schnell dein kleines Pflänzchen zu einer schönen Pflanze heranwachsen wird. Und das Beste: Der Weg ist das Ziel. Jeder kleine Fortschritt, den du siehst – sei es das Keimen eines Samens oder das erste Blatt, das sich aus der Erde schiebt –, wird dir ein Erfolgserlebnis schenken.

Und ja, es wird vielleicht Rückschläge geben. Eine Pflanze wächst nicht wie geplant, oder es tauchen unerwünschte Gäste wie Trauermücken auf. Aber genau diese Herausforderungen machen den Anbau spannend und lehrreich. Am Ende wirst du nicht nur stolz auf deine Ernte sein, sondern auch darauf, was du dabei gelernt hast.

Dein Anbauprojekt ist mehr als nur Pflanzenzucht, es ist ein Erlebnis. Dieses Kapitel wird dir dabei helfen, die ersten Schritte sicher und selbstbewusst zu gehen, ohne dich von Kleinigkeiten stressen zu lassen. Sei bereit, Neues zu lernen, Fehler zu machen und vor allem: viel Spaß zu haben!

Warum Perfektion nicht nötig ist, und was passiert, wenn du alles „falsch“ machst, erfährst du hier in meinem Video:

Der erste Schritt zum Erfolg: Die perfekte Samenauswahl

Die Grundlage für einen erfolgreichen Anbau beginnt mit der richtigen Wahl des Saatguts. Klingt simpel, oder? Aber genau hier entscheidet sich, ob du am Ende mit einer gesunden, ertragreichen Pflanze belohnt wirst oder ob du mit Frust und Enttäuschung konfrontiert wirst. Manch anderer ist überfordert von der schier endlos erscheinenden Auswahl an verschiedenen Samen: regulär, feminisiert, Autoflower? Wo fängt man da an? Keine Sorge, mit ein paar einfachen Tipps und einer kleinen Portion Recherche kannst du sicherstellen, dass du die besten Samen für deinen ersten Anbau auswählst.

Warum Qualität beim Saatgut entscheidend ist

Wenn du mit 100 % Qualität startest, bist du auf dem besten Weg zu einer erfolgreichen Ernte. Aber was passiert, wenn du mit minderwertigen Samen beginnst? Selbst wenn du alles andere perfekt machst, wird deine Pflanze niemals ihr volles Potenzial entfalten. Du investierst Zeit, Geld und Mühe – also sorge dafür, dass sich all das auch lohnt! Warum also Kompromisse eingehen, wenn du mit den richtigen Samen von Anfang an auf der sicheren Seite sein kannst?

Wo bekommst du gutes Saatgut her?

Es gibt unzählige Anbieter für Cannabissamen. Die Bandbreite reicht von Top-Herstellern bis hin zu fragwürdigen Anbietern, bei denen Qualität oft Glückssache ist. Bevor du einfach irgendwo bestellst, informiere dich über seriöse Anbieter und lies Bewertungen.

Beachte die geltenden Gesetze. Aktuell dürfen zum Beispiel Cannabissamen aus EU-Mitgliedsstaaten für den privaten Eigenanbau eingeführt werden. Du kannst sie über das Internet oder per Fernabsatz erwerben. Der Versand nach Deutschland ist zulässig (Quelle: Bundesministerium für Gesundheit).

Ich rate dringend davon ab, Cannabissamen auf dem Schwarzmarkt zu kaufen. Es ist nicht nur gesetzeswidrig, sondern du weißt auch nicht, was du bekommst. Der Samen kann normal aussehen, was aber wirklich drinsteckt, weißt du nicht. Vielleicht ist der Samen auch schon mehrere Jahre alt. Du kannst dir einfach nicht sicher sein, da es unkontrolliert abläuft. Es besteht auch gar keine Notwendigkeit dazu, dich am Schwarzmarkt zu bedienen. Du kannst dir Samen ganz bequem online aus dem EU-Ausland bestellen und bist damit auf der sicheren Seite.

Tipp: Plattformen wie *bushplanet.com* oder Samen von Herstellern wie *Fast Buds* bieten eine hervorragende Qualität und haben sich in der Szene bewährt. Besonders Autoflower-Sorten (automatisch blühende Pflanzen) sind eine gute Wahl für Anfänger, da sie weniger empfindlich auf Fehler reagieren und relativ einfach zu handhaben sind. Die oben bereits erwähnten Mutationen (also Cannabis-Genetiken, die sich optisch wirklich stark von der typischen Cannabispflanze abheben) kannst du beispielsweise vom Anbieter *TerpyZ* erwerben.

Samenpackungen von *Fast Buds*.

Welche Samenart ist die richtige für dich?

Cannabissamen gibt es in unterschiedlichen Sorten und Varianten. Hier ein kurzer Überblick, welche Optionen du hast:

Reguläre Samen

Diese Samen sind unbehandelt und können sowohl männliche als auch weibliche Pflanzen hervorbringen. Die Pflanzen gehen erst nach der Wachstumsphase in die Blüte, also erst im Herbst, wenn du sie outdoor anbaust, das Licht weniger und es kälter wird. Wenn du deinen regulären Samen säst und im April/Mai dein Pflänzchen auf den Balkon stellst, kannst du erst im Herbst Blüten ernten. Wenn dein Ziel das Ernten der Blüten ist (wovon ich ausgehe), wirst du erst im Herbst merken, ob du eine weibliche Pflanze vor dir hast oder eine männliche. Im dümmsten Fall hast du drei Pflanzen großgezogen, die allesamt männlich sind. Dann hast du ein halbes Jahr Zeit und Liebe reingesteckt und sitzt am Ende ohne die ersehnten Blüten da. Im Indoor-Bereich kannst du selbst entscheiden, wann deine photoperiodischen Pflanzen in die Blüte gehen. Das kriegst du hin, indem du die Lichtdauer auf 12 Stunden reduzierst. Aber auch da wäre es traurig, wenn du plötzlich drei männliche Pflanzen vor dir stehen hättest.

Feminisierte Samen

Um dieses Problem zu umgehen, gibt es feminisierte Samen. Sie bringen durch Kreuzungen nahezu ausschließlich weibliche Pflanzen hervor, die die begehrten Blüten produzieren. Du kannst dir in der Regel zu 99 % sicher sein, dass du hier weibliche Pflanzen bekommst.

Ein weiterer Vorteil ist, dass es zu keiner unerwünschten Kreuzung kommen kann, wenn du nur weibliche Pflanzen hast. Befinden sich unter deinen drei Cannabispflanzen beispielsweise zwei weibliche und eine männliche Pflanze, kann es zu einer Bestäubung kommen. Bei einer Bestäubung bildet die Pflanze dann keine konsumierbaren Blüten aus, sondern Samen. Ich denke, das wäre nicht in deinem Sinne.

Willst du doch Samen haben? Feminisierte Samen können auch Nachteile haben: Falls du Cannabispflanzen züchten möchtest, brauchst du logischerweise auch männliche Pflanzen – für die Bestäubung. Da helfen dir ausschließlich weibliche Pflanzen natürlich nicht. Außerdem soll das Vermehren über Stecklinge mit feminisierten Pflanzen nicht so gut funktionieren wie mit regulären Pflanzen.

Autoflower-Samen

Autoflower-Pflanzen sind selbstblühend und daher besonders beliebt, da sie unabhängig von der Lichtdauer automatisch in die Blütephase übergehen. Sie sind in der Regel weiblich, robust, pflegeleicht und ideal für Anfänger.

Da reguläre oder feminisierte Pflanzen am Ende des Sommers größer sein können als du selbst, produzieren sie vergleichsweise sehr viele Blüten. Klingt super? Eigentlich schon, der Haken ist aber, dass in Deutschland aktuell lediglich eine Trockenerntemasse von 50 Gramm pro Person erlaubt ist. Bitte halte dich an die aktuell geltenden Gesetze und lies nach, was heute, wo du dieses Buch liest, erlaubt ist und was nicht.

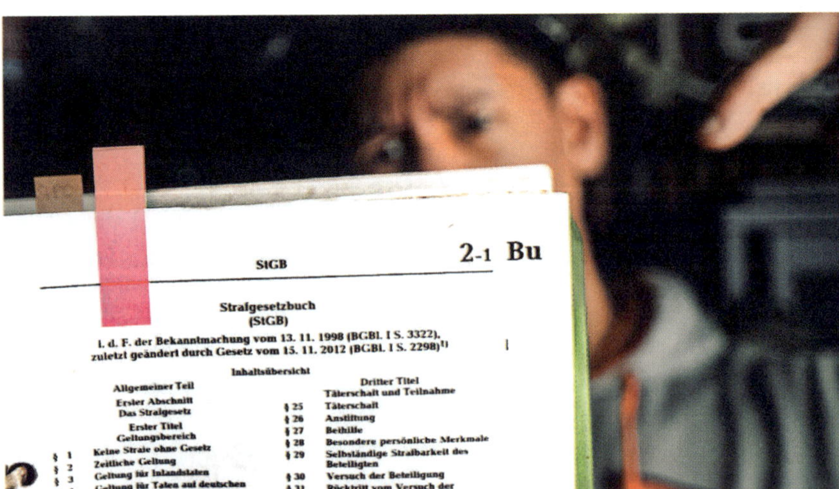

Eine Automatic bietet hier einen wesentlichen Vorteil. Die Pflanze ist etwa 60–70 cm groß, wenn sie in die Blüte geht, und produziert meist eine Masse an Blüten, die noch erlaubt ist. Der Autoflower-Pflanze ist es egal, welche Jahreszeit gerade ist und wie viel Licht sie gerade bekommt – solange es fürs Wachstum ausreichend ist. Nach 5–8 Wochen geht sie von ganz allein in die Blüte, auch bei 24 Stunden Helligkeit am Tag. Du musst also keine Veränderung der Lichtdauer erzeugen, um die Automatic in die Blütephase zu schicken.

Bei regulären Cannabispflanzen sieht das ja anders aus. Bei ihnen kannst du die Wachstumsphase maßgeblich beeinflussen, indem du die Lichtdauer regulierst. Du kannst zum Beispiel nach 7 Monaten, wenn die Pflanze 150 cm groß ist, das Licht von 18 Stunden auf 12 Stunden runterschrauben. Die Pflanze merkt dann: Oh, weniger Licht, es wird Herbst, dann gehe ich jetzt in die Blüte, um mich noch vor dem Winter fortzupflanzen! Du hast dann zwar eine Menge Blüten, aber das bringt dir wie gesagt nichts, da große Mengen sowieso nicht erlaubt sind. Aber natürlich könntest du sie auch nach 4 Wochen in die Blütephase schicken. Das bedeutet aber auch, dass du ein passendes Grow-Set-up benötigst, bestehend aus Growzelt, Lampe, Lüfter und Co.

Wenn ich du wäre und es möglichst einfach haben wollte, würde ich also Automatics wählen. Während sich reguläre bzw. feminisierte Samen bei natürlichen Bedingungen noch in der Wachstumsphase befinden, kannst du bei Automatics teilweise schon nach 8–10 Wochen erste Blüten ernten – und das auch noch recht unkompliziert! Und das schlechte Image, dass Automatics schlechter wären als die anderen, stimmt nicht. Vor einigen Jahren hätte ich noch zugestimmt, aber heute sind die Züchtungen so weit vorangeschritten und optimiert, dass dieses Image überholt ist.

Worauf solltest du beim Kauf achten?

Wichtig wäre, dass du beim Kauf darauf achtest, dass Größe und Konsistenz der Samen passen. Hochwertige Samen sind meist größer, härter und haben eine einheitliche Farbe. Kleine, weiche oder beschädigte Samen solltest du rausselektieren. „Schön, Stefan", wirst du jetzt sagen. „Und wie um Himmels willen soll ich das sehen und erfühlen, wenn ich im Internet bestelle?" Tja, das kannst du tatsächlich nicht. Genau deshalb ist es so immens wichtig, dass du dir einen seriösen Anbieter suchst. Schau, dass der Anbieter gute Bewertungen hat und hochwertige Samen liefert. Vielleicht kennst du sogar jemanden in deinem Umfeld, der schon erfolgreich Cannabis angebaut hat und Empfehlungen zu Onlineshops für Samen hat.

Informiere dich, welche Sorte zu deinen Bedürfnissen und Bedingungen passt. Es gibt Sorten, die besonders gut für kleine Balkone geeignet sind, während andere viel Platz und eine längere Wachstumsphase benötigen. Lies die Beschreibung des jeweiligen Strains, den du ins Auge gefasst hast, also möglichst gründlich.

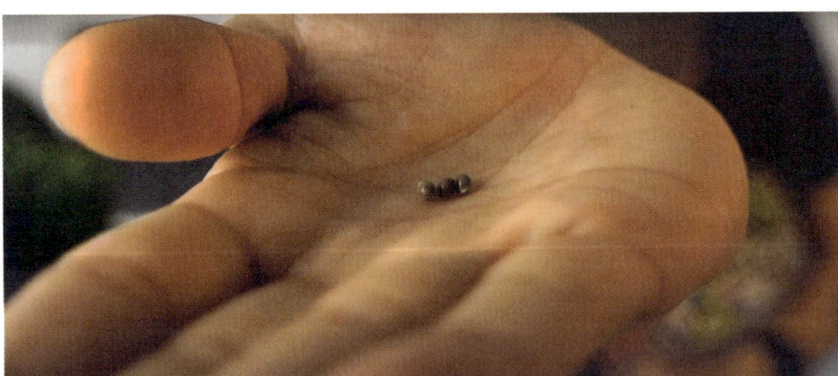

Meine drei Cannabissamen sehen optimal aus. Form und Farbe stimmen.

Die Wahl des richtigen Saatguts ist der erste Schritt zu einer erfolgreichen Ernte. Investiere ein wenig Zeit in die Recherche und sorge dafür, dass deine Samen die bestmögliche Qualität haben. Ob feminisierte, reguläre oder Autoflower-Samen – entscheide dich für das, was am besten zu dir und deinen Anbaubedingungen passt. Und denk daran: Der Start mit hochwertigen Samen legt die Grundlage für alles, was danach kommt!

Keimung 101: Der magische Start

Die Keimung ist ein magischer Moment im Leben deiner Pflanze. Aus einem winzigen Samen entsteht ein Keimling, der das Fundament für eine gesunde und kräftige Pflanze legt. Aber warum ist die Keimung so entscheidend? Ganz einfach: Wenn der Start nicht stimmt, hat die Pflanze später Schwierigkeiten, sich gesund zu entwickeln. Keine Sorge, mit ein paar Tipps und der richtigen Methode kannst du deine Samen erfolgreich keimen lassen.

Somit ist die Keimung der erste und wichtigste Schritt im Lebenszyklus deiner Pflanze. Sie entscheidet darüber, ob dein Keimling überhaupt das Potenzial hat, eine kräftige Pflanze zu werden. Gelingt die Keimung, legst du den Grundstein für alles, was danach kommt. Aber Achtung: Bei den Sachen, die man im Internet liest, gibt's gerade in puncto Keimmethoden vieles, was mittlerweile überholt ist.

Verschiedene Keimmethoden im Vergleich

Es gibt verschiedene Methoden, um deine Samen erfolgreich keimen zu lassen. Jeder Grower schwört gefühlt auf eine andere Art, seine Samen keimen zu lassen. Aber wie so oft gilt: Alles hat seine Vor- und Nachteile, und welche Methode du wählst, hängt von deinen Vorlieben und deiner Erfahrung ab.

Voraussetzung für die Keimung:

Damit ein Cannabissamen optimal keimt, benötigst du eine Temperatur von 20–25 °C. Bei dieser Temperatur ist sichergestellt, dass dein Samen auch wirklich keimt. Meiner Erfahrung nach ist es egal, ob es bei der Keimung hell oder dunkel ist. Was der Samen aber unbedingt braucht, um zu keimen, ist Feuchtigkeit. Dazu aber in den nächsten Punkten mehr.

1. Methode: Direkt in die Erde

Die natürlichste Methode: Du pflanzt den Samen direkt in die Erde, etwa 1–2 cm tief.

Vorteil: Es ist kein Umpflanzen notwendig, und der Samen ist direkt in seinem späteren Lebensraum. Der Keimling bildet seine ersten Wurzeln gleich in der Erde und kann sich entfalten. Wir brauchen ihn nicht mehr zu stören und er kann ungestört gedeihen.

Nachteil: Du kannst den Fortschritt der Keimung nicht sehen – Geduld ist gefragt. Es kann 3–5 Tage dauern. Aber mal ehrlich: Was sind schon 3–5 Tage? Ein Paprikasamen braucht auch mal gut und gerne 2–3 Wochen. Und es gibt Anthurium-Samen, die benötigen über ein ganzes Jahr, bis sie keimen. Die Gefahr, dass du den Samen zu tief oder zu flach pflanzt, gibt es ebenfalls. Aber bei guten Bedingungen würde auch das klappen.

Für mich zählt dieses Vorgehen zu meinen Favoriten. Für Geduldige ist das sicher die beste Wahl. Anfängern empfehle ich allerdings die Wasserglasmethode, die ich dir gleich vorstellen werde.

2. Methode: Anzuchtsets

Diese Methode ist ähnlich wie die Methode mit der Erde. Es gibt Anzuchtsets mit sogenannten Plugs zu kaufen. In der Regel haben diese Plugs, die im Grunde genommen wie kleine Töpfchen aussehen, schon ein Loch, in das du ganz bequem deinen Samen platzieren kannst. Quelltöpfe funktionieren nach einem ähnlichen Prinzip. Das sind gepresste Scheiben, bestehend aus trockener Erde. Wenn du sie befeuchtest, quellen sie auf, und du kannst dort ganz einfach deinen Samen einbringen.

Nach 2–3 Tagen siehst du wahrscheinlich schon erste Anzeichen für die erfolgreiche Keimung. Du kannst die Plugs dann in eine größere Plastikbox stellen. Wichtig ist, dass die Luftfeuchtigkeit in dieser Phase noch hochgehalten werden sollte. Das bekommt man eigentlich ganz einfach hin, indem man sie in ein Gefäß stellt oder ein Glas oben drüber stülpt. Nur hin und wieder das Lüften nicht vergessen!

Vorteil: Einfach und sicher. Der Keimling kann sich direkt entfalten und wird nicht gestört, wie es bei der Wattepad- oder Wasserglasmethode der Fall ist.

Nachteil: Teurer als zum Beispiel die Wasserglasmethode.

3. Methode: Feuchtes Tuch bzw. Wattepad

Die klassische Methode: Du nimmst ein feuchtes, sauberes (Papier-) Tuch bzw. Wattepad, legst die Samen darauf und bedeckst sie mit einem weiteren feuchten (Papier-)Tuch bzw. Wattepad. Das Ganze packst du in einen verschließbaren Plastikbeutel oder einen Behälter, um die Feuchtigkeit zu halten.

Vorteil: Du kannst den Fortschritt der Keimung beobachten – einfach und sicher.

Nachteil: Es besteht das Risiko, dass die Samen anfangen, Schimmel anzusetzen.

In der Regel hat der Samen nach 24 Stunden mit der Keimung begonnen. Auch hier ist die Keimtemperatur zu beachten. Störe den Prozess nicht, indem du alle paar Stunden nachschaust, ob man schon etwas sieht. Schau am besten nach 3 Tagen, ob die Keimung geklappt hat.

Ich kann die Wattepad-Methode nicht empfehlen. Sie funktioniert zwar, aber die Wurzel kann beschädigt werden, wenn man versucht, den Samen inkl. feiner Wurzel vom Wattepad zu lösen. Ein Papiertuch ist

Keimmethode auf einem feuchten Papiertuch. Gekeimt sind sie innerhalb von wenigen Stunden und die Wurzeln waren nach drei Tagen so lang wie auf dem Bild.

die deutlich bessere Lösung. Hier kannst du die kleine Wurzel ganz einfach vom Tuch lösen, ohne sie kaputt zu machen. Außerdem hat eine Wurzel noch ganz feine und mikroskopisch kleine Haarwurzeln. Die Gefahr ist extrem hoch, dass du die feinen Haarwurzeln beschädigst. Und genau von solchen Beschädigungen muss sich dann dein noch so junger Keimling erholen.

Beim Lösen des Keimlings vom Wattepad kann er verletzt werden.

4. Methode: Gläschen mit Wasser

Hierbei legst du die Samen in ein Glas oder einen Becher mit Wasser. Leitungswasser ist ausreichend. Die meisten Samen schwimmen anfangs. Nach ein paar Stunden sollten sie absinken. Wenn die Samen nach 3–6 Stunden nicht sinken, kannst du sie vorsichtig antippen.

Vorteil: Einfach und schnell. Das Beste daran: Du siehst alles und es motiviert gerade Anfänger ungemein.

Nachteil: Manche Samen können im Wasser ersticken, wenn sie zu lange darin liegen – zumindest liest man das im Internet. In einem Versuch, den ich auch auf meinem YouTube-Kanal gezeigt habe, habe ich Samen 2 Monate lang im Glas gelassen. Selbst das hat funktioniert.

Ich persönlich bevorzuge die Variante mit dem Glas Wasser. Das funktioniert für mich am besten und macht mir am meisten Spaß, da ich sofort sehen kann, wenn die Keimung eingesetzt hat. Nichts freut mich mehr, als diese kleinen weißen Wurzeln zu sehen, die sich aus dem Samen schieben. Der Grundstein für eine erfolgreiche Ernte ist gelegt!

Keimung im Wasser nach ca. 14 Stunden. Die Samen sind angekeimt und leicht geöffnet.

Bei diesen Samen im Wasserglas sieht man schon die Wurzelspitzen.

Praktische Schritt-für-Schritt-Anleitung: So keimst du erfolgreich

1. Vorbereitung der Samen

Überprüfe deine Samen auf ihre Qualität. Wähle Samen, die groß, fest und einheitlich gefärbt sind. Weiche Samen oder solche mit Rissen solltest du aussortieren.

2. Die richtige Methode wählen

Entscheide dich für eine der oben beschriebenen Keimmethoden. Für Anfänger ist die Methode mit dem Wasserglas ideal.

3. Temperatur und Feuchtigkeit sicherstellen

Halte die Keimlinge an einem warmen, dunklen Ort bei einer konstanten Temperatur zwischen 20 und 25 °C. Das Substrat oder Tuch sollte feucht bleiben, aber nicht nass sein.

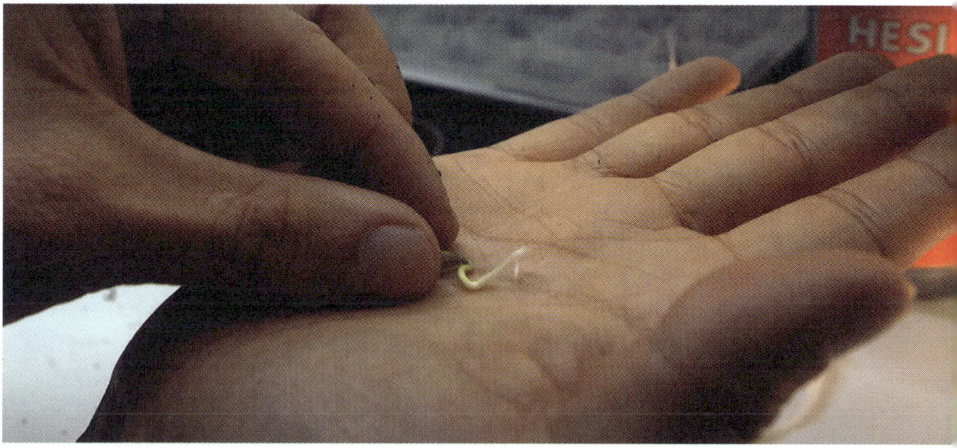

Sobald die Wurzel zu sehen ist, nehme ich den Keimling aus dem Wasser.

4. Kontrolle

Kontrolliere den Fortschritt, ohne die Keimung zu stören. Sobald ein kleiner weißer Wurzelansatz (Radikula) zu sehen ist, ist die Keimung erfolgreich. Warte, bis du einen Wurzelansatz siehst. Dann ist dein Keimling bereit für das Einpflanzen in die Erde.

Häufige Fehler vermeiden: Was tun, wenn Samen nicht keimen?

Auch wenn du alles richtig machst, kann es passieren, dass ein Samen nicht keimt. Hier sind einige häufige Probleme und ihre Lösungen:

- Samen keimen nicht, obwohl die Bedingungen stimmen:
  Der Samen könnte alt oder beschädigt sein. Versuche es mit frischem Saatgut von hoher Qualität.
- Schimmelbildung auf dem Samen oder im Substrat:
  Dies passiert, wenn die Umgebung zu feucht ist. Reduziere die Feuchtigkeit und sorge für bessere Belüftung.

- Keimung dauert länger als erwartet:
  Manche Samen benötigen mehr Zeit. Sei geduldig und kontrolliere die Bedingungen regelmäßig.
- Samen sinkt nicht im Wasser:
  Manche Samen benötigen einen kleinen Anstoß. Tippe den Samen vorsichtig an, damit er untergeht.

Die Keimung ist der wichtigste Schritt auf dem Weg zu einer gesunden Pflanze. Mit der richtigen Methode, optimalen Bedingungen und ein wenig Geduld legst du den perfekten Start für deinen Anbau. Und denk daran: Auch wenn mal ein Samen nicht keimt, ist das kein Grund zur Panik. Es gehört einfach dazu – und mit jedem Versuch wirst du besser! Ach, und wenn dir beim Umsetzen des Keimlings die kleine Wurzel abbrechen sollte, würde ich dir raten, das Ganze zu wiederholen. Von einem Bruch erholen sich die jungen Keimlinge meistens nicht so gut.

In diesem Video zeige ich dir Schritt für Schritt, wie du deinen nächsten Samen zum Keimen bringst:

Vom Keimling zur Pflanze: So klappt die Anzucht

Nach der erfolgreichen Keimung steht der nächste wichtige Schritt an: die Anzucht. In dieser Phase entscheidest du, wie sich deine Pflanze weiterentwickelt. Hierbei gibt es viele Details zu beachten: die Wahl des richtigen Topfes, die Qualität der Erde und die Frage, ob du deine Pflanze direkt in den Endtopf oder zunächst in einen kleineren Topf

Gekeimte Autoflower-Samen nach 2,5 Tagen. Sie haben das perfekte Stadium zum Eintopfen.

setzt. Mit den folgenden Tipps sorgst du dafür, dass deine Pflanze stark und gesund wächst.

Direkt in den Endtopf oder zuerst vorziehen?

Eine der ersten Entscheidungen, die du treffen musst, ist, ob du deine Pflanze direkt in den finalen Endtopf setzt oder sie zunächst in einem kleineren Topf vorziehst.

Das Vorziehen in kleineren Töpfen bietet eine Reihe von Vorteilen. Du kannst die Bedingungen (Temperatur, Feuchtigkeit) besser kontrollieren. Die Pflanze wächst in einer überschaubaren Umgebung, was für Anfänger oft einfacher zu handhaben ist. Außerdem spart es Platz, falls du mehrere Samen keimen lässt und nicht alle wachsen.

Es gibt aber auch ein paar Nachteile, die ich dir nicht verschweigen will. Einer davon, der dich wohl kaum überraschen wird, ist: Du wirst deine Pflanze umtopfen müssen. Das ist nicht nur ein kleiner Aufwand, sondern kann deine Pflanze gegebenenfalls etwas stressen, solltest du es falsch machen oder die Wurzeln dabei beschädigen. Aber gemeinsam kriegen wir das schon hin – ist ja schließlich keine Raketenwissenschaft. Ein weiterer Nachteil ist, dass die Wurzeln in einem kleineren Topf weniger Platz haben. Das bedeutet, dass die Pflanze kleiner bleibt, wenn du sie nicht früh genug in einen größeren Topf packst, in dem die Wurzeln mehr „Freiheiten" haben.

Diese Automatic-Sämlinge wachsen direkt in kleinen Töpfen an.

Wenn du deinen Keimling hingegen direkt in den Endtopf setzt, sparst du dir logischerweise das Umtopfen. Das heißt, die Wurzeln können sich von Anfang an ungestört entwickeln, was weniger Stress für die Pflanze bedeutet. Das ist ideal für Autoflower-Sorten, da deine Automatic ja nach ein paar Wochen von selbst in die Blüte gehen wird. Und durch Stress ist das Wachstum für ein oder zwei Tage gehemmt – und diese ein oder zwei Tage fehlen deiner Pflanze dann später. Das ist kein Beinbruch, aber man sollte es zumindest mal gehört haben.

Es kann jedoch schwieriger sein, die Feuchtigkeit und Temperatur in einem großen Topf zu regulieren.

Warum ist das so? Sind noch kaum Wurzeln im Topf vorhanden und deine Erde nass, dauert es, bis die Erde abtrocknet. Kleine vereinzelte Wurzeln können durch die Nässe Schwierigkeiten bekommen. Ist die Erde aber komplett stark durchwurzelt, trocknet deine Erde schneller durch, da die Feuchtigkeit ja auch durch die Wurzeln aufgesogen wird.

Meine Empfehlung bezüglich Endtopf oder Vorziehen lautet also: Ich mache es am liebsten so, dass ich mit kleinen Töpfen starte. So stelle ich sicher, dass nur die kräftigsten Keimlinge weiterwachsen. Später topfe ich sie um. Es ist aber völlig in Ordnung, wenn man die Methode mit dem Endtopf bevorzugt.

Die Wahl des richtigen Topfes

Welcher Topf darf es sein? Nimm, was du zu Hause hast. Ein leerer Joghurtbecher oder alte Anzuchttöpfe sind völlig ausreichend. Ich wähle Töpfe bzw. Becher aus Plastik, da sie leicht, günstig und einfach zu handhaben sind. Sie sind grundsätzlich recyclebar und wenn du einen Joghurtbecher nimmst, musst du dir über die Nachhaltigkeit eh keine Gedanken mehr machen. Das Volumen sollte maximal 500 ml betragen. Optimal ist es, wenn der Becher einen passenden Deckel hat. Aber dazu später mehr.

Tontöpfe fördern eine bessere Belüftung der Wurzeln, können jedoch schwer und teuer sein.

Stofftöpfe hingegen sind ideal für die Belüftung und das Wurzelwachstum, allerdings trocknen sie schneller aus. Das ist an sehr heißen Tagen schlecht, aber auch da kannst du Abhilfe schaffen, indem du die Töpfe schattierst oder Holzscheite ringsherum platzierst. Da es in Deutschland ohnehin oft eher mild ist, finde ich persönlich Stofftöpfe super.

Kunststofftöpfe, meistens schwarz, rund oder quadratisch, sind nicht wie die Stofftöpfe nach außen hin belüftet. Das bedeutet, die Erde wird weniger mit Sauerstoff „gefüttert“. Die Kunststofftöpfe sind im Regelfall aber günstig und wiederverwendbar – ähnlich wie die Stofftöpfe. Wichtig ist bei allen Töpfen immer, dass das Gießwasser abfließen kann.

Bedeutung von Drainagelöchern und Belüftung

Drainagelöcher am Boden des Topfes sind essenziell, um überschüssiges Wasser abfließen zu lassen. Stehendes Wasser führt schnell zu Wurzelfäule. Ich kann es nicht oft genug erwähnen: Achte darauf, dass dein Behälter Löcher hat! Falls du dich für den Plastikbecher entschieden hast, kannst du mit einer Schere, einem Metallstab oder einem Nagel, den du mit einem Feuerzeug erhitzt hast, Löcher in den Boden machen. Du kannst nicht nur – du solltest!

Es gibt wie erwähnt Töpfe, die offenporig sind. Also Stofftöpfe! Diese haben eine tolle Eigenschaft: Air-Pruning. Durch solche Air-Pruning-Systeme bieten Töpfe eine zusätzliche Belüftung, die das Wurzelwachstum fördern. Eine extra Drainageschicht kann man auch hier mit einarbeiten, das ist aus meiner Erfahrung aber nicht nötig.

Erde: Das Fundament für gesunde Pflanzen

Die Wahl der Erde ist entscheidend für den Erfolg deines Anbaus. Deine Pflanze wächst in der Erde und die Wurzeln bilden sich darin aus. Da bedarf es eigentlich keiner weiteren Erklärung, wie wichtig dieses Thema ist. Die Erde dient nicht nur als Medium für das Wurzelwachstum, sondern liefert auch die Nährstoffe, die deine Pflanze dringend benötigt. Je besser die Erde auf die Bedürfnisse der Pflanze angepasst ist, umso höher ist die Wahrscheinlichkeit, dass du mit deinem Grow erfolgreich wirst.

Nährstoffarme Anzuchterde vs. nährstoffreiche Erde: Wann solltest du welche verwenden?

Nährstoffarme Anzuchterde ist perfekt für die Keimungs- und frühe Wachstumsphase. Sie verhindert, dass der Keimling durch eine „scharfe“ Erde mit zu vielen Nährstoffen überwältigt wird – so sagt man zumindest. Ich habe aber statt Anzuchterde auch schon normale Erde verwendet, und es hat wunderbar geklappt.

Hochwertige Erde ist spätestens für die Wachstums- und Blütephase nötig. Sie sollte eine lockere, gut belüftete Struktur haben und frei von Schädlingen sein.

Tipp: Falls du dich für die Endtopf-Methode entschieden hast, kannst du den äußeren Bereich des Topfes mit hochwertiger Erde und den oberen und inneren Bereich mit Anzuchterde füllen. So kann die Pflanze zunächst in der nährstoffarmen Erde anwachsen und später die reichhaltigere Erde nutzen. In einem kleinen Becher reicht Anzuchterde für den Anfang völlig aus.

Anzuchterde für den perfekten und gesunden Start vom Samen zur Jungpflanze – hier: Anzuchterde von muddiserde.de, torffrei und luftig.

Schädlinge vermeiden: Tipps zur Sterilisation der Erde

Erde aus dem Baumarkt oder dem Garten kann oft Schädlinge wie Trauermücken enthalten. Es kursieren verschiedene Tipps im Internet, wie man dagegen vorgehen kann – zum Beispiel das Backen der Erde. Durch hohe Temperaturen tötet man Schädlinge und deren Eier ab. Das Problem an dieser Methode ist aber, dass man damit auch den guten Mikroorganismen in der Erde den Garaus macht. Nimm also lieber Nützlinge wie SF-Nematoden zur Hand. Das sind winzige kleine Tierchen, die den ganzen Tag nichts anderes im Kopf haben, als Trauermücken beziehungsweise deren Larven zu fressen. Ein weiterer Tipp ist das Einfrieren von Erde. Lagere die Erde dafür ein paar Tage lang in der Gefriertruhe, um Larven abzutöten. Oder kaufe direkt schädlingsfreie Erde und investiere damit in hochwertige Erde, die bereits sterilisiert ist.

Erste Schritte: Keimling einpflanzen

Fülle nun ein paar Esslöffel Erde in deinen kleinen Topf bzw. Becher. Drücke die Erde leicht an, nicht zu fest. Am besten gelingt das, wenn du einen zweiten Becher der gleichen Größe nimmst und mit der Unterseite des Bechers die Erde in deinem ersten Becher andrückst. So stellst du sicher, dass die Wurzeln deiner Pflanze, sobald dein Samen gekeimt ist, guten Kontakt zur Erde haben, die Erde aber gleichzeitig locker genug ist, damit das Wasser abfließen kann.

Wenn du schon etwas Erfahrung mit Gemüse- oder Zimmerpflanzen hast, kannst du deine Hände zum Andrücken nehmen. Dann hast du schon das nötige Fingerspitzengefühl, um nicht wie eine Dampfwalze alles platt zu drücken.

Jetzt nimmst du dir deinen vorgekeimten oder (wenn du den Samen direkt in die Erde pflanzen willst) noch nicht vorgekeimten Samen zur Hand und legst ihn ca. 1–2 cm tief in die Erde. Stecke dafür deinen Finger bis zum Fingernagelansatz in die Erde, ziehe ihn wieder heraus und lasse den Samen in das Loch fallen. Ist dein Samen vorgekeimt, gibt's

Dieser Samen ist bereit, in die Erde zu wandern.

noch einen kleinen Tipp: Optimalerweise zeigt der Wurzelansatz nach unten, wenn er im Erdloch liegt. So kann die Wurzel ganz entspannt und ohne Umwege wachsen, wohin sie soll – nämlich nach unten.

Drücke die Erde auf die bekannte Weise noch einmal leicht an, damit der Samen viel Kontakt mit der umliegenden Erde hat. Außerdem ist es unser Ziel, dass die Pflanze die Samenhülle von selbst abstreift. Und das gelingt nicht, wenn die Erde zu locker ist. Was dann passiert, ist nämlich Folgendes: Die Samenhülle liegt wie ein Helm über den kleinen Keimblättern der Pflanze und fällt womöglich nicht von selbst ab. Da ist die Verlockung groß, dass man selbst Hand anlegt und den Helm abzieht. Diese Ungeduld kann fatale Folgen haben: Nicht selten hat so mancher Ungeduldige dadurch die Keimblätter abgerissen – und ohne Blätter ist die Pflanze aufgeschmissen. Natürlich geht es aber auch darum, dass die ersten Blätter das Licht der Welt erblicken sollen. Mit Helm auf dem Kopf wird das schwierig. Ohne Licht keine Photosynthese, ohne Photosynthese kein Wachstum. Also: Substrat bitte etwas andrücken!

Hier ist die Samenhülle von selbst abgefallen und ich habe sie mit einer Pinzette bequem von der Erde aufheben können.

Aber so weit sind wir jetzt noch nicht. Bis jetzt liegt der Samen samt Wurzelansatz in der Erde und man sieht noch gar nichts. Der Samen hat es nun schön dunkel und warm, aber eine wichtige Sache fehlt ihm noch. Ganz genau: Er hat Durst! Deshalb ist es jetzt, direkt nachdem du den Samen in die Erde gesetzt hast, an der Zeit, ihn mit Wasser zu versorgen. Wenn du wie ich einen kleinen Plastikbecher gewählt hast, reichen 3–5 Esslöffel Wasser, die du in die Mitte des Bechers gibst.

3–5 EL Wasser sind bei einem kleinen Becher völlig ausreichend. Hast du einen größeren Topf, musst du entsprechend mehr Wasser verwenden. Etwa ein Fünftel des Erdvolumens ist hier die Regel. Nur noch mal zur Erinnerung: Denk daran, den Boden des Bechers mit Löchern zu versehen, damit überschüssiges Wasser immer abfließen kann.

Erinnerst du dich noch an den Deckel, den ich vorhin erwähnt habe? Der kommt jetzt zum Einsatz! Entweder hast du wirklich einen Plastikdeckel, der perfekt auf deinen Joghurtbecher passt, oder du nimmst – wie ich – einfach ein Stück Frischhaltefolie zur Hand.

Lege die Folie auf deinen Becher, ziehe sie straff und befestige sie mit einem Gummi.

Einfacher geht's kaum: Frischhaltefolie passt immer und du kannst sie wiederverwenden. Schmeiße sie also nicht jedes Mal weg.

Wofür aber das Ganze? Tatsächlich dient der Deckel als Barriere gegen Schädlinge – besonders gegen Trauermücken. Falls du bisher noch nicht allzu viel mit Zimmerpflanzen zu tun hattest und noch nie eine Trauermücke gesehen hast, lass dir sagen: Das wird sich mit hoher Wahrscheinlichkeit leider bald ändern, wenn du mit dem coolsten Hobby aller Zeiten weitermachst. Trauermücken lernt jeder Pflanzenfreak früher oder später persönlich kennen. Aber keine Angst, weiter hinten im Buch behandeln wir auch dieses Thema. Denn selbst mit etwas Erfahrung ist man vor diesen winzigen Biestern nie hundertprozentig sicher.

Natürlich verhindert der Deckel aber auch einen starken Feuchtigkeitsaustritt. Das heißt, dass deine Erde länger feucht bleibt und das Risiko, dass dein Keimling vertrocknet, minimiert wird. Zudem sorgt er dafür, dass die Wärme in deinem Topf besser gehalten wird – das ist ebenfalls ein extrem wichtiger Punkt für ein gesundes und starkes Wachstum. In den ersten 5–10 Tagen ist dein Keimling nämlich noch recht empfindlich gegenüber Schwankungen in der Feuchtigkeit oder Temperatur. Also: Deckel drauf!

3–5 Tage nach dem Einsetzen in das Substrat solltest du erste Blätter sehen, die sich aus der Erde schieben.

Schon nach wenigen Tagen sieht man das erste Grün im Becher!

Lass deine Pflanze erst mal in Ruhe. Ich weiß, ich weiß – es ist extrem verlockend, den Deckel abzunehmen, deinen neuen Freund zu bestaunen und an ihm herumzufummeln. Aber lass das lieber. Allzu lange

Sämling im Plastikbecher nach etwa einer Woche.

musst du auch gar nicht warten: Bereits nach weiteren 2–3 Tagen sollte sich das erste richtige Blattpaar gebildet haben. Denn die allerersten Blätter, die auf dem Stängel aufsitzen, sind die Keimblätter der Pflanze. Sie sehen recht unscheinbar aus. Aber das nächste Blattpaar sieht schon aus wie die typischen Hanfblätter: gezackt.

Deine Pflanze ist dem Stadium der Keimung inzwischen entwachsen. Sie kommt jetzt in die Wachstumsphase. Was du in diesem Lebensabschnitt deiner Cannabispflanze beachten musst, erfährst du im nächsten Kapitel.

Übrigens muss es beim Anbau nicht immer ein krasses Set-up sein. Du hast keine Lust, in den weiteren Schritten viel Geld für Growzelte, neue

Dünger oder modernste Töpfe auszugeben? Dann schau dir auch gerne mein Video zum Cannabisanbau auf meiner Fensterbank an:

Was du für die Anzucht brauchst

- 1–3 Cannabissamen deiner Wahl
- Glas/Tasse zum Vorkeimen (optional)
- Kleiner Topf inkl. Untersetzer oder alter Joghurtbecher (max. 500 ml Volumen)
- Ggf. Schere oder Nagel und Feuerzeug, um Löcher in den Becher zu machen
- Frischhaltefolie mit Gummi oder Deckel
- Anzuchterde
- Ggf. Esslöffel

Checkliste: Erfolgreiche Keimung & Anzucht

Vor der Keimung

☐ Hochwertige, unbeschädigte Samen ausgewählt

☐ Keimtemperatur von 20–25 °C sichergestellt

☐ Saubere Arbeitsmaterialien vorbereitet

☐ Passende Keimmethode gewählt (z. B. Wasserglas, Erde, Anzuchtplug)

Während der Keimung

- ☐ Samen ausreichend feucht gehalten (nicht nass)
- ☐ Keimprozess nicht unnötig gestört
- ☐ Erste weiße Wurzel (Radikula) sichtbar
- ☐ Samen rechtzeitig aus dem Wasser/Tuch genommen

Einpflanzen des Keimlings

- ☐ Kleinen Topf/Becher mit Drainagelöchern vorbereitet
- ☐ Lockere, geeignete Erde eingefüllt
- ☐ Samen 1–2 cm tief eingesetzt
- ☐ Wurzelansatz zeigt nach unten
- ☐ Erde leicht angedrückt
- ☐ Angemessen angegossen (keine Staunässe)

Erste Tage der Anzucht

- ☐ Hohe Luftfeuchtigkeit gewährleistet (Deckel/Folie)
- ☐ Keimling warm und geschützt platziert
- ☐ Nicht unnötig berührt oder umgesetzt
- ☐ Erste Keimblätter sichtbar
- ☐ Deckel nach einigen Tagen schrittweise entfernt

Licht, Luft & Liebe: Die ersten drei Wochen

Die ersten kleinen Blätter haben sich inzwischen gebildet. Du bist zu Recht stolz auf dich und möchtest deinen neuen Mitbewohnern ausschließlich das Beste bieten. Gesunde und kräftige Pflanzen gedeihen nur dann, wenn die äußeren Bedingungen stimmen. Licht, Luft, Temperatur und Wasser sind die wichtigsten Faktoren, die für ein optimales Wachstum deiner Pflänzchen sorgen. In diesem Kapitel lernst du, wie du die besten Anbaubedingungen schaffst, um deinen Pflanzen in den ersten drei Wochen ein ideales Umfeld zu bieten.

Story: Die gefiederte Mafia

Ich hatte alles perfekt vorbereitet. Drei Jungpflanzen, frisch gekeimt, die stolz ihre ersten Blättchen in die Frühlingssonne streckten. Ich ging kurz rein, um mir einen Kaffee zu holen, kam zurück – und die Töpfe waren leer. Einfach leer! Keine Pflanze, kein Stängel, nur aufgewühlte Erde. Mein erster Gedanke: Aliens? Mein zweiter: Eine Amsel saß frech auf dem Zaun und schaute mich an, als wollte sie sagen: „Danke für den Salat, Bro.“ Die Moral von der Geschicht’? Vögel lieben frisches Grün genauso sehr wie wir. Seitdem bekommen meine Babys in der ersten Woche einen „Vogelkäfig“ aus Maschendraht. Sicher ist sicher.

Wenn keine Amsel deine Jungpflanzen klaut, kannst du je nach Sorte, und wenn alles optimal läuft, in 8–10 Wochen das erste Mal ernten. Wenn das nicht Motivation genug ist, um ein paar wichtige Punkte zu beachten, damit deine Pflanzen glücklich sind, dann weiß ich auch nicht!

Deine Sämlinge sind jetzt bereit für die nächste Phase.

Licht: Ein Schlüsselfaktor für gesundes Wachstum

Licht ist die Lebensgrundlage deiner Pflanze. Es versorgt sie mit der nötigen Energie, um Photosynthese zu betreiben und zu wachsen. Doch nicht jedes Licht ist gleich, und falsche Lichtbedingungen können das Wachstum hemmen. Sowohl zu viel Licht als auch zu wenig Licht haben starke Auswirkungen auf deine Pflanze. Hättest du gedacht, dass zu wenig Licht dazu führen kann, dass deine Pflanze schneller wächst? Dazu gleich mehr unter dem Punkt „Vergeilen“.

Sobald der Keimling aus der Erde schaut, gib ihm Licht. Du brauchst aber keine 300-Watt-Lampe auf voller Stufe. 10–25 % reichen am Anfang. Eine kleinere Lampe für den Start genügt auch. Wenn die Wetterbedingungen gut sind, geht's natürlich auch mit der Fensterbank. Dazu aber später noch mehr, bleiben wir jetzt erst einmal bei der Lampe. Hänge die Lampe 30–50 cm über der Pflanze auf. Direkte Mittagssonne oder eine Kunstlampe, die zu stark eingestellt ist, können erhebliche Schäden anrichten. Wenn du merkst, dass sich die Blätter hell färben, reguliere die Lampe herunter bzw. stell deine Pflanzen bspw. an ein anderes Fenster (zum Beispiel Ost- oder Westfenster).

Eine andere Möglichkeit, um herauszufinden, ob deine Pflanze zu viel oder zu wenig Licht abbekommt, besteht darin, eine App zu nutzen, die genau hierfür entwickelt wurde. Egal, wo deine Pflanze steht, du kannst mit dieser Methode einfach erfahren, wie viel Licht an dem Standort vorhanden ist. Es gibt Apps, die dir in Lux angeben, wie viel Helligkeit am jeweiligen Ort vorhanden ist. Die Qualität des Lichts kannst du mit dieser Methode allerdings nicht ermitteln. Bei der App, die ich nutze, läuft das so, dass ich mein Handy waagerecht über der Pflanze halte, sodass die Frontkamera nach oben zeigt (zum Himmel bzw. zur Lampe). Die App zeigt mir dann die Beleuchtungsstärke in der Einheit Lux an. In der jungen Pflanzenphase sollten es etwa 5.000 Lux sein. Danach kannst du die Helligkeit sukzessive steigern. Ab der 3. Woche sind 15.000 Lux angesagt, in der Blüte mindestens 35.000 Lux, besser wären 40.000 bis 50.000 Lux, solange die restlichen Bedingungen passen. Das sind jetzt alles nur Pi-mal-Daumen-Zahlen. Merke dir einfach: Licht ist wichtig und davon braucht die Cannabispflanze genügend.

Zu Beginn sind die Pflanzen noch klein und empfindlich. In den ersten Wochen solltest du mit dem Licht also bitte nicht übertreiben. Durch zu viel Licht kann die Pflanze Stress und dadurch Wachstumsstörungen bekommen, auch Verbrennungen sind möglich. Am Anfang hat dein kleiner Freund vielleicht zwei bis vier intakte Blätter plus die beiden Keimblätter. Wenn durch zu viel Licht die vier Blätter verbrennen, ist die Pflanze in der Regel dem Tod geweiht. Sie hat keine ausreichende gesunde Blattfläche mehr, um Photosynthese betreiben zu können. Viel Licht hilft hier also nicht zwangsläufig viel, sondern kann sogar schaden. Stellst du deinen Pflanzenfreund zum Beispiel in die pralle Sonne, ohne ihn vorher daran gewöhnt zu haben, geht der kleine Keimling vermutlich ein. Dennoch braucht die Pflanze möglichst viel Licht. Stelle sie also an einen hellen Ort, zum Beispiel auf eine Fensterbank.

Wenn es bei dir zu dunkel ist oder du das Pech hast, dass all deine Fenster nach Norden zeigen, kannst du zu Kunstlicht greifen. Es gibt eine Menge Pflanzenlampen auf dem Markt.

Unterschied zwischen Kunstlicht und Sonnenlicht

Falls du die Wahl zwischen Kunst- und Sonnenlicht hast, hier ein kurzer Vergleich der beiden Lichtquellen:

Sonnenlicht ist das perfekte Licht für Pflanzen, da es das gesamte Lichtspektrum abdeckt. Outdoor-Pflanzen profitieren von der intensiven Strahlung der Sonne – jedoch nur, wenn sie langsam daran gewöhnt werden. Direkte Sonneneinstrahlung kann bei empfindlichen Pflanzen zu Verbrennungen führen, wenn diese nicht akklimatisiert sind.

Kunstlicht stellt eine gute Alternative für den Indoor-Anbau dar. LEDs sind beliebt, da sie effizient und energiesparend sind. LED-Panels sind besonders für Anfänger geeignet, da sie einfach zu handhaben sind und wenig Wärme abgeben.

Ich persönlich habe eine 38-Watt-Lampe. Die kann ich bei einer Pflanze von Anfang bis Ende nutzen. Natürlich wird die Pflanze bei der Leistung ihr volles Potenzial nicht ausschöpfen können, aber für viele würde das mit Sicherheit schon reichen. Ansonsten läuft auch noch eine 100-Watt-Lampe bei mir als Zusatzlicht, wenn meine Outdoorpflanzen mal vor einer Schlechtwetterperiode stehen. Dann hole ich die Pflanzen gerne für diese Zeit rein und befeuere sie mit der 100-Watt-Lampe, die ich provisorisch aufhänge.

Im Growzelt nutze ich ansonsten aktuell eine 250-Watt-Lampe, das funktioniert auch sehr gut. Die vollen 250 Watt gebe ich aber im Regelfall erst in der Blütephase.

Ich habe auch eine 800-Watt-Lampe. Die habe ich mal getestet, aber nutzen würde ich sie für den eigenen Grow mit Sicherheit nicht, da die Stromkosten natürlich sehr hoch sind. Ebenfalls muss man bei so einer starken Lampe alle anderen Komponenten während des Grows berücksichtigen. Und bedenke immer eins: Wozu für viel Geld eine größere Ernte einfahren, wenn das Gesetz – wir erinnern uns – lediglich

Hier siehst du eine Lampe mit 200 Watt Stärke, die die Growbox durch die seitlich angewinkelten und einstellbaren LED-Wings perfekt ausleuchtet.

eine Trockenerntemasse von 50 Gramm zulässt? Wenn möglich, bevorzuge ich jedoch die natürliche Variante: die Sonne.

Tipp: Achte bei Kunstlicht auf die Lichttemperatur:

- Wachstumsphase: 5.500–6.500 Kelvin (kühles, weiß-blaues Licht).
- Blütephase: 2.700–3.000 Kelvin (wärmeres, rötliches Licht).

In der Blütephase erhalten die Pflanzen wärmeres, rötliches Licht.

Auch die Beleuchtungsdauer ist ein extrem wichtiger Faktor. In den ersten Wochen sollten deine Pflanzen im Idealfall 18 Stunden am Tag Licht haben. 6 Stunden sollten sie in kompletter Dunkelheit verbringen. Die Phase der Dunkelheit ist schon sehr wichtig, da ansonsten der Zyklus der Pflanze durcheinanderkommen kann.

Tipps zur Vermeidung von „vergeilten" Pflanzen

Das sogenannte „Vergeilen" tritt auf, wenn Pflanzen zu wenig Licht bekommen. Sie schießen plötzlich in die Länge und bilden lange, dünne und instabile Stängel, weil sie verzweifelt nach Licht suchen. So vermeidest du das Problem:

- Ausreichende Lichtintensität: Stelle sicher, dass deine Pflanzen genug Licht erhalten, entweder durch direktes Sonnenlicht oder leistungsstarkes Kunstlicht.
- Abstand zur Lichtquelle: Halte bei Kunstlicht die richtige Entfernung ein. Zu weit weg kommt weniger Licht an und die Energie, die du in die Lampe investierst, verpufft. Ist das Licht zu nah, können die Pflanzen verbrennen.
- Lichtstunden: Stelle mindestens 18 Stunden Licht am Tag für die Wachstumsphase sicher, wenn du mit Kunstlicht arbeitest.

Erhöhe also die Lichtzufuhr, um zu vermeiden, dass deine Pflanze durch einen zu langen Stängel später einmal umknickt, sobald das erste Lüftchen weht.

Damit kommen wir direkt zum nächsten Tipp:

Warum Luftbewegung wichtig ist

Leichte Winde verstärken das Anwurzeln. Luftbewegung stärkt die Stängel der Pflanzen und macht sie widerstandsfähiger. Eine gute Belüftung hilft außerdem, Schimmelbildung und Schädlingsbefall zu verhindern.

Simuliere natürliche Windbedingungen durch den Einsatz von Ventilatoren, die eine sanfte Brise erzeugen. Richte den Ventilator nicht direkt auf die Pflanzen, sondern lasse die Luft zirkulieren, um Stress durch zu starken Luftstrom zu vermeiden. Durch die Hin-und-her-Bewegung baut die Pflanze einen viel dickeren Stamm auf. Die Pflanze wird widerstandsfähiger und kräftiger. Ähnlich, wie wenn du ins Fitnessstudio gehst und mit der Kurzhantel ständig Auf- und Abbewegungen vollziehst.

Alternativ kannst du auch ab und zu ein Fenster öffnen und die Pflanze in die Zugluft stellen. Achte darauf, dass die Außentemperatur nicht zu niedrig ist, sodass dein Pflänzchen nicht friert. Zu starke Zugluft wäre ebenfalls schlecht – es sollte eine leichte Brise sein.

Der Ventilator sorgt für eine leichte Luftbewegung und stärkere Pflanzen.

Die richtige Temperatur

Neben dem Licht und der Luftbewegung spielt auch die Temperatur eine große Rolle für das gesunde Wachstum deiner Pflanzen. Schon bei der Keimung war es enorm wichtig, dass es deine Samen bei kuscheligen 20–25 °C gemütlich haben. Und genau diese Temperatur solltest du in den ersten 3 Wochen beibehalten. Eigentlich kann man diese Temperatur auch vom Grundsatz auf den gesamten Grow übertragen, also auch für die Blütezeit. Aber das schauen wir uns später genauer an.

Wenn deine Pflänzchen nicht hell genug stehen, würde ich die Temperatur allerdings etwas runterregulieren, denn bei wenig Licht und hoher Temperatur kann es passieren, dass die Pflanze einen langen Stängel entwickelt und im schlimmsten Fall umknickt – ein Vergeilen würde zusätzlich begünstigt werden. Weniger als 15 °C sollten es aber nicht sein. Je kühler und je mehr Licht, umso gedrungener wird deine Pflanze wachsen.

Optimale Temperaturbereiche für verschiedene Wachstumsphasen

Hier habe ich für dich mal grob die optimalen Werte zusammengetragen. Das heißt aber nicht, dass zum Beispiel höhere oder niedrigere Temperaturen gleich den Untergang bedeuten. Halte dich ungefähr an das Optimum, aber steck den Kopf nicht in den Sand, wenn du es nicht immer erreichst.

- Keimung: 20–26 °C.
- Wachstumsphase: 22–28 °C. Nachts kann die Temperatur auf 18–22 °C fallen.
- Blütephase: 20–26 °C, wobei die Nachttemperatur nicht mehr als 5 °C unter der Tagestemperatur liegen sollte.

Tipp: Große Temperaturschwankungen können das Wachstum hemmen oder die Pflanzen stressen. Nutze ein Thermometer mit Hygrometer, um die Bedingungen genau zu überwachen.

Luftfeuchtigkeit

Gerade habe ich das Hygrometer erwähnt, also widmen wir uns gleich dem Thema Luftfeuchtigkeit. Je nachdem, wie deine Temperaturen zu Hause sind, können die Werte immer variieren – hier erhältst du aber mal einen ungefähren Richtwert:

- Keimung: 70–80 % Luftfeuchtigkeit.
- Wachstumsphase: 50–70 % Luftfeuchtigkeit.
- Blütephase: 40–50 % Luftfeuchtigkeit.

Tipp: In der ersten Woche ist deine Pflanze vor allem mit dem Wurzelwachstum beschäftigt. Dennoch würde ich nach der zweiten Woche definitiv mit der Luftfeuchtigkeit runtergehen. Wenn du Frischhaltefolie oder einen Deckel verwendet hast, oder die Pflanze in einem Behälter steht, wird die Pflanze irgendwann sowieso keinen Platz mehr haben. Was aber der wirklich wichtige Punkt ist: die Gefahr von Schimmelbildung, Pilzinfektionen oder Wurzelfäule. Alles Dinge, die von einer hohen Luftfeuchtigkeit stark begünstigt werden. Also: Nach der Keimung relativ schnell auf 60–70 % Luftfeuchtigkeit herunterregulieren.

Kaufe dir am besten ein Thermometer mit Hygrometer. Eine einmalige Anschaffung, die sich definitiv lohnt und günstig ist. Vielleicht hast du aber auch noch irgendwo eines herumliegen, das du nutzen kannst.

Bewässerung: Nicht zu viel, nicht zu wenig

Das richtige Gießen ist eine der häufigsten Herausforderungen für Anfänger. Sowohl zu viel als auch zu wenig Wasser kann deine Pflanzen stark beeinträchtigen.

Überlege dir zunächst, mit was du gießen möchtest. Du hast die Wahl zwischen Sprühflasche, Ballbrause und Gießkanne.

Gerade in den ersten Wochen kannst du eine **Sprühflasche** verwenden, in die du Wasser einfüllst. Es reicht am Anfang, wenn deine Pflanze nur ein paar Zentimeter misst, vollkommen aus, die Erdoberfläche regelmäßig mit Wasser zu benetzen. Diese schonende Methode ist besonders zu Beginn empfehlenswert.

Du kannst statt der Sprühflasche, die nur wenig Wasser abgibt, aber auch eine Gießbrause bzw. **Ballbrause** verwenden. Dadurch sorgst du für eine gleichmäßige und punktuelle Bewässerung. Mit der Gießkanne, die in der Regel deutlich größer ist, kann es passieren, dass die Blätter nass werden. Das sollte vermieden werden. Mit der Ballbrause kannst du das besser kontrollieren – mein klarer Favorit.

Eine Ballbrause sorgt für eine gleichmäßige Bewässerung.

Aber auch eine **Gießkanne** ist natürlich völlig ausreichend. Wenn du eine zu Hause hast, nutze sie ruhig. Setze bei deiner Gießkanne – wenn vorhanden – am besten die Brause vorne auf, da ein dicker Strahl die Erde verschlemmen und verdichten kann. Solltest du Alternativen zur Verfügung haben, rate ich dir vor allem im frühen Stadium deiner Pflanze allerdings eher von der Gießkanne ab. Deine Pflanze ist noch recht klein. Der dicke Gießstrahl kann die Pflanze im schlimmsten Szenario zu Fall bringen. Hier ist Fingerspitzengefühl gefragt.

Beim Gießen mit einer Gießkanne ohne Brauseaufsatz ist Vorsicht geboten.

Die **Gießmenge** ist ein Thema für sich. Die Menge ist stark abhängig vom Substrat. Manche Erden nehmen viel Wasser auf, manche wenig. Das hängt maßgeblich von den Mischverhältnissen, Komponenten und der Qualität der Basiserde ab. Auch die Luftfeuchtigkeit, Raumtemperatur, Topfgröße, Größe der Wurzeln und vieles mehr haben Einfluss darauf, wie viel du gießen musst. Wie du siehst, ist das Thema recht komplex und es gibt keine Universalantwort, die ich dir hier in Millilitern pro Tag auflisten kann. So viel kann ich aber sagen: Halte deine Erde nicht zu nass. Das Wasser muss unbedingt abfließen können. Abflusslöcher bzw. Drainagelöcher unten im Topf sind das Wichtigste. Bei Stofftöpfen hast du dieses Problem natürlich nicht. Achte zudem auf eine anständige Basiserde.

Ganz, ganz wichtig: Lieber zu wenig gießen als zu viel!

Zu viel bedeutet nasse Füße, faule Wurzeln, ergo eine tote Pflanze. Wenn du einmal zu viel gießt, sollte es kein Problem sein, auf Dauer kann es deine Pflanze aber wirklich umbringen. Behalte deinen kleinen Freund im Blick und kontrolliere regelmäßig, wie happy er bzw. sie aussieht.

Bei sehr luftiger Erde und warmen Temperaturen kann es sinnvoll sein, wenn die Erde von unten aus dem Untersetzer die Feuchtigkeit aufzieht. Lass die Pflanze aber nicht mehrere Stunden oder gar mehrere Tage in dem Wasser stehen. Da sind wir dann schnell wieder in einem Bereich, in dem durch die hohe Feuchtigkeit der Sauerstoff in der Erde verdrängt wird. Wurzelfäule ist da vorprogrammiert – und das wollen wir definitiv vermeiden.

Außerdem sorgt jedes Gießen natürlich auch dafür, dass die Nährstoffe, die in den oberen Erdschichten sind, nach unten geschwemmt werden. Wenn du stark gießt, fließt ein Teil der Nährstoffe unten aus deinem Topf raus. Dann heißt es bye, bye, Nährstoffe! Sie sollten also gleichmäßig im Topf verteilt bleiben. Um das zu gewährleisten, solltest du lieber moderat gießen.

Wann solltest du wieder gießen?

Gieße erst, wenn die oberste Erdschicht trocken ist (etwa 2–3 cm tief). Hebe deine Töpfe regelmäßig an, um ein Gefühl dafür zu bekommen, wann du gießen musst. Fühlt sich der Topf leicht an, spricht das dafür, dass die Erde trocken ist – Zeit zu gießen.

Ein weiterer Geheimtipp besteht darin, **durchsichtige Töpfe** zu verwenden. So siehst du von außen, wie feucht bzw. trocken die Erde auch in den unteren Schichten ist. Außerdem siehst du so das Wurzelwachstum sehr gut. Viele denken, dass das Licht, das durch den transparenten Topf an die Wurzeln gelangt, schlecht für die Wurzeln ist. Nach meiner langjährigen Erfahrung – auch im Bereich Zierpflanzen oder Nutzpflanzen – hat sich gezeigt, dass das überhaupt kein Problem darstellt. Nach einer gewissen Zeit kann sich eine leichte grünliche Algenschicht an der Topfwand bilden. Das könnte auf Dauer unschön aussehen, aber das wäre dann auch schon der einzige Nachteil – der aber hinnehmbar ist, wenn ich die Vorteile gegenüberstelle.

Mit durchsichtigen Töpfen kannst du gut erkennen, wie feucht oder trocken die unteren Erdschichten sind.

Noch mal kurz die wichtigsten Sachen zusammengefasst:

- Gieße langsam und gleichmäßig, damit die Erde das Wasser aufnehmen kann, ohne dass zu viel des Wassers unten durch die Drainagelöcher abläuft.
- Achte darauf, dass überschüssiges Wasser im Untersetzer entfernt wird, um Wurzelfäule zu vermeiden.
- Wurzelfäule entsteht durch zu häufiges Gießen oder schlecht drainierte Erde. Verwende Töpfe mit Drainagelöchern und lass die Erde im oberen Teil des Topfes zwischen den Wassergaben gut abtrocknen.

- Optimale Anbaubedingungen schaffen die Grundlage für einen erfolgreichen Grow. Achte darauf, dass deine Pflanzen genügend Licht, die richtige Temperatur und eine gute Luftzirkulation erhalten. Gieße mit Bedacht, um sowohl Wurzelfäule als auch Vertrocknen zu vermeiden.

Mit diesen einfachen Maßnahmen legst du den Grundstein für gesunde und kräftige Pflanzen. Die nächsten 1–2 Wochen sind deine Pflanzen gut versorgt, wenn du die beschriebenen Bedingungen sicherstellst.

Ach, und noch ein weiterer wichtiger Tipp: Wenn deine Erde permanent sehr feucht ist und die Wurzeln auch langsam Probleme bekommen, ist der Topf ein Magnet für Trauermücken. Trauermücken sind ein fieses Problem bei einigen Growern da draußen. Die Biester sehen aus wie kleine schwarze Fliegen, vermehren sich in der feuchten Erde und die Larven dieser Biester fressen deine Wurzeln. Dazu aber später noch mehr.

Dünger

Licht und Luft haben wir bereits besprochen. Wie wäre es nun mit ein bisschen Liebe in Form von Dünger? Schlecht wäre es nicht, wenn du dich schon mal mit dem Thema Dünger beschäftigst. Denn früher oder später braucht deine Pflanze Dünger. Komischerweise hält sich der Mythos, dass Dünger nicht natürlich für Pflanzen ist. Doch selbstverständlich ist Dünger richtig und wichtig. Schließlich braucht deine Pflanze Nährstoffe. Auch da musst du kein Vollprofi sein. Man kann aus allem eine Wissenschaft machen, aber du brauchst weder Lampen im Wert von 600 Euro, Abluftanlagen des Todes und sonstigen überflüssigen Schnickschnack noch ein umfangreiches Düngeschema. Es muss nicht so kompliziert sein.

Die ersten 2–3 Wochen kommen die Pflanzen ohne Dünger zurecht. Die Pflanzen haben im Samen alles an Nährstoffen, was sie brauchen, um die ersten Wochen problemlos zu wachsen und zu gedeihen. Klar kann man Dünger speziell fürs Wurzelwachstum nutzen und es gibt auch wirklich tolle Produkte, mit denen die Pflanzen deutlich mehr Wurzeln in den ersten Wochen ausbilden, aber es geht auch ohne. Es ist also kein Muss, kann aber hilfreich sein.

Erstes Umtopfen

Deine Cannabispflanze wohnt aktuell wahrscheinlich noch in einem kleinen Topf oder in einem alten Joghurtbecher. Entwickelt sich deine Pflanze gut, kann es in den ersten drei Wochen durchaus passieren, dass sie zu groß wird für das aktuelle Behältnis. In einem durchsichtigen Joghurtbecher erkennst du das am besten: Die Wurzeln sind deutlich zu sehen und bilden ein dichtes Netz am unteren Rand des Bechers.

Hier siehst du einen durchwurzelten Plug einer Samenpflanze.

Ein super Indikator ist auch, wenn die ersten Wurzeln unten aus den Abflusslöchern des Topfs gucken. Dann ist es an der Zeit, deinem kleinen Freund ein größeres Zuhause zu schenken. Es ist tatsächlich sehr wichtig – geradebei Automatics –, dass die Pflanzen nicht zu lange in einem kleinen Behälter bleiben. Denn je weniger Platz für die Wurzeln vorhanden ist, umso kleiner bleibt die Pflanze.

Welcher Topf eignet sich zum Umtopfen?

Muss man jetzt eine Wissenschaft daraus machen, welchen Topf man nimmt? Definitiv nein! Dennoch bieten verschiedene Töpfe verschiedene Vorteile. Hier bekommst du einen kurzen Überblick zu den einzelnen Töpfen:

Widmen wir uns zunächst dem **Material**.

Schwarze Plastiktöpfe heizen sich besonders schnell auf. Das trocknet die Erde schneller aus und die Wurzeln können bei zu hohen Temperaturen verbrennen.

Schwere Ton- oder Keramiktöpfe bieten den Vorteil, dass sie nicht umkippen, wenn der Wind heftig weht. Bei großer Blattmasse kann es schon mal passieren, dass ein leichter Topf umgeweht wird. Tontöpfe sind außerdem atmungsaktiv und regulieren somit die Feuchtigkeit der Erde.

Stofftöpfe sind nicht nur recht günstig, sondern atmungsaktiv – ein riesiger Vorteil. Die Wurzeln brauchen schließlich auch Sauerstoff. Ich bin ein großer Fan von Stofftöpfen, da sie noch andere Vorteile bieten, zum Beispiel die Förderung von Wurzelausläufern oder die Gewährleistung, dass überschüssiges Wasser immer optimal abfließen kann.

Nachdem wir nun geklärt haben, welche Vorteile welches Material bietet, kommen wir zum wichtigsten Punkt: der **Topfgröße**.

Du kannst beim Umtopfen auch immer die Endgröße deiner Pflanze im Hinterkopf behalten. Autoflower-Pflanzen bleiben in der Regel etwas kleiner (50–80 cm) und brauchen keinen derart großen Topf wie photoperiodische Pflanzen, die mannshoch werden. Wenn du nur eine Pflanze wachsen lassen willst, würde ich dir allerdings schon einen größeren Topf empfehlen, da eine einzelne Pflanze natürlich weniger Blütenmasse produzieren wird als beispielsweise drei Pflanzen. Über die Topfgröße kannst du die Erntemasse regulieren. Ein größerer Topf bedeutet eine größere Pflanze und das Potenzial für einen größeren Ertrag. Beachte aber die maximal erlaubte Trockenerntemenge von 50 Gramm – also übertreibe es nicht.

Bei Autoflower-Pflanzen empfehle ich dir eine Topfgröße von maximal 8 bis 20 Litern. Autoflower-Pflanzen gehen nach ca. 4 bis 8 Wochen selbstständig in die Blüte. Die Pflanzengröße und der Wurzelballen sind zu diesem Zeitpunkt überschaubar. Deshalb brauchst du keinen monströsen Topf mit 50 Liter Volumen. Ein Topf mit 5 bis maximal 20 Litern ist ausreichend. Ist der Topf nicht ganz so riesig, kannst du ihn außerdem leichter bewegen. Das ist zum Beispiel nötig, wenn du outdoor growst und ihn reinstellen musst, wenn es nachts zu kalt wird, oder wenn du deine Pflanze wegen der Wetterbedingungen umstellen musst. Ein zu großer Topf wird außerdem nicht vollständig durchwurzelt. Der Dünger, den du in den Topf gibst, landet an Stellen, die die Pflanze nie erreichen wird. Du schüttest also Geld in Form von Dünger ins Nirwana.

Meine Empfehlungen auf einen Blick:

- Ich bevorzuge Stofftöpfe.
- Indoor-Topfvolumen: 8–20 Liter
- Outdoor-Topfvolumen (Balkon, Garten): 8–20 Liter

Wie geht man beim Umtopfen vor?

Du hast den für dich perfekten Topf gefunden. Gut! Was gilt es nun zu beachten? Ganz einfach: Gieße die Pflanze 1 bis 2 Tage vor dem Umtopfen nicht. So vermeidest du, dass die Erde beim Umtopfen zu feucht ist, auseinander bröckelt und gegebenenfalls die Wurzeln beschädigt werden. Ist der Erdballen etwas trockener, kannst du ihn im Ganzen aus dem Becher stürzen. Nimm hierfür den Becher in die eine Hand und lege die andere Hand über die Öffnung des Bechers. Die Pflanze ist inzwischen schon so groß, dass sie über den Rand des Bechers hinausgewachsen ist. Lasse sie zwischen zwei deiner Finger hindurchschauen, beispielsweise zwischen Mittel- und Ringfinger.

Nun drehst du den Becher vorsichtig mit deiner ersten Hand um 180 Grad, sodass der Becher kopfüber ist. Löse nun langsam und durch leichtes Schütteln den Erdballen, sodass er in deine zweite Hand rutscht. Im Optimalfall hast du nun den ganzen Klumpen Erde in der Hand und kannst ihn in einen größeren Topf pflanzen. Wichtig: Ziehe niemals an der Pflanze und zerdrücke den Wurzelballen nicht! Du musst die Wurzeln auch nicht auseinanderlösen. Setze den Wurzelballen einfach in das vorbereitete Loch im neuen Topf. Die Pflanze sollte dabei genauso tief sitzen wie zuvor – nicht tiefer und nicht höher.

Was genau nach der Keimung passiert und fünf Anfänger-Tipps für deinen eigenen Anbau findest du hier in meinem Video noch mal zusammengefasst:

Erste Probleme vermeiden: Spargelwachstum & Überwässerung

Beim Anbau von Pflanzen – sei es auf dem Balkon, im Garten oder auf der Fensterbank – passieren vor allem Anfängern oft Fehler, die das Wachstum stark beeinträchtigen können. Keine Sorge, das ist völlig normal!

Gerade in den ersten drei Wochen zeigt deine Pflanze sehr deutlich, ob sie sich wohlfühlt oder nicht. Hängt sie kurzzeitig mal durch? Kein Grund zur Panik. Sie gibt dir damit ein klares Signal: „Hey, irgendwas stimmt hier nicht!“ Deine Aufgabe ist es, diese Hilferufe richtig zu deuten und entsprechend zu reagieren.

In diesem Kapitel schauen wir uns zwei der häufigsten Stolperfallen an – Spargelwachstum und Überwässerung – und wie du sie erfolgreich vermeiden kannst.

Spargelwachstum – Wenn deine Pflanze ins Licht rennt

„Spargel? In einem Buch über Cannabisanbau? Jetzt dreht er völlig durch!“, könnte jetzt dein erster Gedanke sein. Aber keine Sorge, du bist hier immer noch richtig. Ich rede nicht von echtem Spargel mit Sauce hollandaise, sondern von einem typischen Anfängerfehler: dem Spargelwachstum. Das Spargeln wird auch oft als Vergeilen betitelt. Beides ist quasi dasselbe.

Das passiert, wenn deine Pflanze anstatt buschig und kräftig zu werden, einen extrem langen, dünnen Stängel entwickelt – so lang und instabil, dass sie irgendwann umknickt. Sie wächst also wie Spargel in die Höhe, aber leider ohne den leckeren Teil am Ende.

Doch warum passiert das? Und viel wichtiger: Wie kannst du es verhindern?

Ganz einfach: **Zu wenig Licht + zu hohe Temperaturen = lange, dünne Stängel.**

Wenn deine Pflanze nicht genug Licht bekommt, wird sie alles daran setzen, sich in Richtung der Lichtquelle zu strecken. Sie vergeilt – ein schicker Begriff dafür, dass sie verzweifelt ins Licht wächst, aber dabei an Stabilität verliert.

Noch schlimmer wird es, wenn sie gleichzeitig in einem überhitzten Raum oder direkt auf der Heizung steht. Die Wärme beschleunigt das

Nach der Keimung braucht der Keimling genug Licht, damit es nicht zu einem unerwünschten Längenwachstum (Spargelwuchs) kommt.

Hier sieht man eindrucksvoll, dass der Keimling vergeilt ist. Er ist zu dünn und zu lang – keine gute Kombi!

Wachstum, aber da das Licht fehlt, bleibt es beim langen Stängel – ohne die nötige Kraft und Dicke.

In der freien Wildbahn steht deine Pflanze draußen und wird vom Wind ordentlich durchgeschüttelt. Das klingt erst mal fies, ist aber super für sie! Der ständige Widerstand regt das Wurzelwachstum an, damit sie sich besser im Boden verankert. Gleichzeitig wird der Stängel stabiler und dicker – so übersteht sie auch stärkere Böen.

Drinnen hingegen gibt es keinen Wind, und wenn dann noch wenig Licht und hohe Temperaturen dazukommen, ist das dünne, instabile Längenwachstum, also das Spargeln, vorprogrammiert. Ein ganz schlechter Start für deine Pflanze!

Ist das Kind (oder besser gesagt, die Pflanze) schon in den Brunnen gefallen? Kein Problem, es gibt eine Lösung: RTG – Retten, Tiefersetzen, Gießen.

1. Retten: Den richtigen Standort wählen

- Stell deine Pflanze sofort an einen helleren Ort.
- Vermeide übermäßig hohe Temperaturen: 18–24 °C sind optimal.
- Falls möglich, stelle einen kleinen Ventilator auf, der die Pflanze leicht bewegt. Das imitiert den Wind und hilft beim Stängelaufbau.

2. Tiefersetzen: Die Pflanze stabilisieren

- Setze die Pflanze in einen kleinen, eher hohen Topf um.
- Die Erde sollte locker und leicht vorgedüngt sein, am besten mit etwas Faseranteil für bessere Belüftung.
- Beim Umtopfen kannst du den zu langen Stängel tiefer in die Erde setzen – aber nicht zu tief! Die unteren Blätter sollten nicht die Erde berühren. Ebenfalls sollten die Wurzeln nicht auf dem Topfboden liegen. Wähle also einen passenden neuen Topf, in dem die Pflanze zwar tiefergesetzt werden kann, aber nicht so tief, dass sie unten quasi schon wieder aus den Löchern guckt.

3. Gießen: Die richtige Wassermenge

- Nach dem Umtopfen sanft angießen, aber nicht ertränken!
- Jetzt erst mal beobachten. Schon nach ein paar Tagen wird deine Pflanze kräftiger und stabiler wachsen.

Spargelwachstum kann jedem passieren – aber wenn du genug Licht, die richtige Temperatur und ein bisschen Wind ins Spiel bringst, wird deine Pflanze stark und stabil. Sollte sie schon „gespargelt“ haben, kannst du mit der RTG-Methode gegensteuern.

Jetzt weißt du, wie du die erste große Hürde beim Anbau meisterst. Doch es gibt noch eine weitere Gefahr, die vielen Growern zum Verhängnis wird: Überwässerung. Lass uns gleich mal anschauen, wie du deine Pflanze vor nassen Füßen schützt!

Wie genau Spargelwuchs aussieht und wie du dagegen vorgehen kannst, erfährst du auch in diesem Video:

Zu viel des Guten – Überwässerung vermeiden

Wasser ist Leben, aber wie bei allem gilt: Die Dosis macht das Gift. Zu viel Wasser kann genauso schädlich sein wie zu wenig. Viele Anfänger denken: *„Je mehr Wasser, desto besser.“* Schließlich wollen sie, dass ihre Pflanze gesund bleibt. Doch das ist ein klassischer Fall von guter Absicht mit schlechter Umsetzung.

Überwässerung gehört zu den häufigsten Anfängerfehlern und leider auch zu den gefährlichsten. Während sich eine Pflanze, die einmal zu trocken war, oft noch erholen kann, ist eine ertrunkene Pflanze meist nicht mehr zu retten. Deshalb ist es wichtig, die Anzeichen frühzeitig zu erkennen und rechtzeitig zu handeln.

Eine Pflanze kann dir zwar nicht direkt sagen, dass sie zu viel Wasser bekommen hat, aber sie zeigt es dir sehr deutlich. Hängende Blätter, obwohl die Erde feucht ist, sind eines der ersten Warnsignale. Oft wirken sie dabei dunkelgrün und fast matschig. Die Erde bleibt dauerhaft nass und kann sogar modrig riechen. Das Wachstum der Pflanze verlangsamt sich oder stoppt komplett, weil die Wurzeln nicht mehr genug Sauerstoff bekommen. Im schlimmsten Fall bildet sich Schimmel auf der Erde oder die Wurzeln beginnen zu faulen.

Pflanzen brauchen Stickstoff für die Photosynthese und produzieren dabei Sauerstoff, aber tatsächlich nehmen sie auch Sauerstoff auf. Wenn die Erde ständig nass ist, wird sie verdichtet und die Wurzeln ersticken. Ohne Sauerstoff können sie keine Nährstoffe mehr aufnehmen, was dazu führt, dass die Pflanze langsam abstirbt. Außerdem lieben Schimmel und Pilze feuchte Bedingungen. Wer zu großzügig gießt, schafft perfekte Bedingungen für Wurzelfäule und andere Krankheiten.

Falls deine Pflanze bereits unter Überwässerung leidet, gibt es eine Möglichkeit, sie zu retten. Drei Schritte helfen dabei, die Pflanze aus der Wasserfalle zu holen.

1. Soforthilfe: Erde trocknen lassen

Gießpausen sind das Wichtigste. Die obersten zwei bis drei Zentimeter der Erde sollten vollständig trocken sein, bevor erneut gegossen wird. Falls die Erde stark vernässt ist, hilft es, den Topf anzuheben und zu prüfen, ob er sich ungewöhnlich schwer anfühlt. Ein leichter Luftzug kann die Erde schneller trocknen lassen.

2. Falls nötig: Umtopfen

Wenn die Erde bereits modrig riecht oder schimmelt, hilft oft nur noch ein Notfall-Umtopfen. Dazu wird die Pflanze vorsichtig aus dem Topf genommen, um die nasse Erde abzuschütteln. Anschließend kommt sie in lockere, gut durchlässige Erde und sollte für einige Tage nicht gegossen werden, bis sich das Wurzelwerk erholt hat. Diese Maßnahme ist aber relativ riskant und könnte für den ungeübten Grower mehr Schaden anrichten als Gutes tun.

3. Richtiges Gießen lernen

Es sollte nie nach Plan, sondern immer nach Bedarf gegossen werden. Die Fingerprobe hilft dabei, den Feuchtigkeitsgehalt der Erde einzuschätzen: Dazu wird der Finger etwa zwei bis drei Zentimeter tief in die Erde gesteckt. Fühlt sich die Erde noch feucht an, ist es zu früh zum Gießen. Auch das Topfgewicht kann ein guter Indikator sein. Ein trockener Topf ist deutlich leichter als ein nasser, deshalb lohnt es sich, ihn regelmäßig anzuheben. Eine gleichmäßige Durchfeuchtung der Erde sorgt dafür, dass die Wurzeln sich optimal entwickeln können. In manchen Fällen bietet sich auch eine automatische Bewässerung an. Das wäre aber an dieser Stelle zu viel des Guten und würde noch mal ein ganz neues Kapitel benötigen.

Wasser ist essenziell für das Wachstum der Pflanze, doch es kommt auf die richtige Dosierung an. Überwässerung kann zu Schimmel, Wurzelfäule und Wachstumsproblemen führen, lässt sich aber mit einfachen Methoden vermeiden. Wer lernt, die Signale der Pflanze zu deuten, wird mit kräftigem Wachstum und einer gesunden Pflanze belohnt. Mit diesem Wissen sind zwei der größten Anfängerfehler – Spargelwachstum und Überwässerung – bereits abgedeckt. Damit bist du bestens vorbereitet für die nächste Phase deines Grows.

Drei weitere häufige Fehler – und wie du sie vermeidest

Auch wenn du das Thema Spargelwachstum und Überwässerung jetzt im Griff hast, gibt es noch ein paar weitere Stolpersteine, die Anfänger oft übersehen. Hier sind drei der häufigsten Fehler – kompakt erklärt und mit einfachen Lösungen, damit deine Pflanze gesund bleibt.

1. Überdüngung

Nährstoffe sind wichtig! Aber bitte in Maßen. Genauso ist es ja auch mit dem Essen für dich. Wenn du regelmäßig und ausgewogen isst, dann fühlst du dich gut. Halte es mit deiner Pflanze ähnlich. Dünge sie möglichst regelmäßig, aber nicht zu viel, denn das könnte ein Problem werden: Eine Überdüngung kann die Wurzeln „verbrennen“ und das Wachstum hemmen.

Lösung:

Halte dich an die empfohlene Dosierung – und wenn du unsicher bist, starte lieber mit einer niedrigeren Menge. Hier gilt auch wieder: Beobachte deine Pflanze. Wird sie zunehmend heller, benötigt sie Nährstoffe. Ist sie sehr dunkel, stehen ihr wahrscheinlich genug Nährstoffe zur Verfügung.

2. Zu früher Kontakt mit starker Sonne

Gerade Jungpflanzen sind empfindlich. Wenn sie zu früh der vollen Mittagssonne ausgesetzt werden, können Verbrennungen an den Blättern entstehen, was das Wachstum verlangsamt oder sogar zum Absterben führen kann.

Lösung:

Schirme deine Pflanzen in den ersten Tagen mit einem Tuch oder einer leichten Abdeckung ab und erhöhe die Sonnenstunden langsam über mehrere Tage. So können sie sich an die intensivere Beleuchtung gewöhnen. Oder stelle die Pflanze am Anfang einfach nicht direkt in die pralle Mittagssonne in den Monaten Juni bis August. Eine langsame Gewöhnung ist hier wieder der Schlüssel.

3. Schädlinge, Schimmel und geschwächte Pflanzen

Cannabispflanzen können von Trauermücken, Schimmel, Blattläusen und vielen anderen Dingen befallen werden – besonders wenn das Klima zu feucht ist oder die Erde nicht richtig trocknen kann. Auch gelbe oder hängende Blätter, Wachstumsstopp und verfärbte Wurzeln sind Warnsignale dafür, dass deine Pflanze leidet.

Lösung:

Falls Trauermücken auftauchen, helfen Gelbtafeln und das Austrocknen der obersten Erdschicht. Bei Schimmel sorgt eine bessere Belüftung für Abhilfe, während du die befallene Erde austauschen kannst. Blattläuse lassen sich mit Neemöl oder Marienkäfern bekämpfen. Hier gilt auch wieder: Pflanze regelmäßig anschauen und kontrollieren. Einzelne Blattläuse kann man nämlich auch wunderbar mit der Hand entfernen. Das geht natürlich nicht mehr so gut, wenn die ganze Pflanze voll mit den Viechern ist. Ist deine Pflanze allgemein geschwächt, überprüfe die Wasserversorgung und sorge für eine gleichmäßige Versorgung mit Licht, Wasser und Nährstoffen.

Gelbtafeln können Abhilfe gegen Trauermücken schaffen.

Diese drei Fehler sind schnell passiert, aber genauso schnell behoben, wenn du aufmerksam bleibst. Mit der richtigen Pflege bleibt deine Pflanze gesund und wächst kräftig weiter.

Und bedenke: Fehler gehören beim Anbau dazu – das Wichtigste ist, daraus zu lernen. Indem du häufige Anfängerfehler wie zu wenig Licht, falsches Gießen oder den falschen Umgang mit Sonnenlicht vermeidest, legst du die Grundlage für gesunde Pflanzen. Wenn doch mal etwas schiefläuft, helfen dir die beschriebenen Lösungsansätze, deine Pflanzen schnell wieder auf den richtigen Weg zu bringen. So steht deinem erfolgreichen Anbau nichts mehr im Weg!

Vom Mini zum Monster: Vegetationsphase (Woche 4–8+)

Dein Keimling ist durchgestartet – das Fundament steht, der erste grüne Lebensbeweis hat sich gezeigt. Aber: Jetzt geht's erst richtig los. Die sogenannte Vegi-Phase ist wie die Pubertät deiner Pflanze. Viel passiert, vieles wächst – und das am besten in die richtige Richtung.

Ab jetzt entwickelt sich dein Sämling zur echten Pflanze. Blätter schießen raus, die Wurzeln geben Gas, und alles läuft darauf hinaus, dass deine grüne Mitbewohnerin (Cannabispflanzen sollten im Regelfall bestenfalls weiblich sein) später mal richtig stabile Blüten liefert. Und genau dafür legst du jetzt den Grundstein.

Fehler? Die passieren – völlig normal. Selbst erfahrene Grower hauen mal daneben. Und ja, ich auch! Das geht teilweise schneller, als es einem lieb ist. Temperatur, Luftfeuchtigkeit, Bewässerung und, und, und ... Ist das schlimm? Nein! Wichtig ist nur: Du lernst daraus. Und vor allem: Du verlierst nicht den Spaß an der Sache. Denn die Freude am eigenen Anbau – egal welche Art, Gattung oder Familie von Pflanze du anbaust – ist das Ziel.

Was jetzt zählt, ist, dass du deine Pflanze aktiv begleitest – mit der passenden Nährstoffstrategie, einem sinnvollen Gießrhythmus und einem Auge für Veränderungen. Du wirst merken: Je mehr du dich reindenkst, desto besser verstehst du, was die Pflanze dir sagen will.

Mit dem, was du bisher gelernt hast, bist du bestens vorbereitet. In den nächsten Tagen und Wochen wird deine Pflanze ordentlich zulegen – und du wirst mehr und mehr Sicherheit gewinnen. Also: Locker bleiben, dranbleiben und nicht vergessen, ab und zu stolz auf dich zu sein.

In den nächsten Wochen wird dein Pflänzchen ordentlich zulegen und dir bei richtiger Pflege später reichlich Blüten liefern.

Richtig bewässern in der Vegi-Phase

Jetzt, wo deine Pflanze aus dem Gröbsten raus ist, wird das Gießverhalten noch mal spannend. Denn der Bedarf ändert sich mit jedem Tag – und was vor zwei Wochen noch gereicht hat, ist jetzt unter Umständen viel zu wenig. Wenn du nicht vorhast, zehn Minuten lang mit der Sprühflasche dazustehen, solltest du spätestens jetzt deine Methode überdenken. Wie genau du das anpasst, schauen wir uns im nächsten Abschnitt an folgenden Punkten an:

1. Den Wasserbedarf der Pflanze verstehen
2. Anzeichen für Wassermangel oder Überwässerung
3. Unterschiede zwischen Indoor- und Outdoor-Bewässerung

Dieses Kapitel bringt dir bei, deine Pflanzen nicht nur zu gießen, sondern ihre Anforderungen richtig zu deuten. Am Ende wirst du genau wissen, wann und wie du am besten gießt – damit deine Pflanzen optimal versorgt sind und du den maximalen Ertrag aus deinem Anbau holst, ganz egal ob indoor oder outdoor.

Der Wasserbedarf deiner Pflanze

Wie wir im letzten Kapitel bereits gelernt haben, gilt beim Cannabisanbau: Wasser ist nicht gleich Wasser. Zu viel davon, und deine Pflanze säuft ab – zu wenig, und sie vertrocknet. Beides endet selten gut. Die Kunst liegt also nicht darin, möglichst oft zur Gießkanne zu greifen, sondern zu wissen, **wann** und **wie viel** du gießt. Wer das verpeilt, bringt selbst die stabilste Genetik ins Wanken.

Viele Anfänger denken, sie tun ihrer Pflanze etwas Gutes, wenn sie besonders fürsorglich sind – und gießen viel und oft. Aber das kann mehr schaden als helfen. Gießen ist keine reine Bauchgefühl-Sache, sondern ein Zusammenspiel aus Timing, Methode und Feingefühl. Es geht darum, die Pflanze zu beobachten: Wie fühlt sich der Topf an? Wie sieht die Erde aus? Wie wirken die Blätter? Nur so bekommst du mit der Zeit ein Gespür dafür, wann der richtige Moment gekommen ist. Klingt vielleicht gerade etwas kompliziert, aber wenn du die ersten Gießerfahrungen gemacht hast, wirst du genau verstehen, was ich meine. Gießen ist am Ende auch kein Hexenwerk!

Entscheidend ist außerdem, **wie** du gießt. Gieß nicht einfach blind drauflos, sondern gleichmäßig rundherum. Und nicht immer nur ein paar Schlückchen – lieber ordentlich wässern, bis das Wasser unten leicht abläuft. Damit durchfeuchtest du das gesamte Substrat, und die Wurzeln breiten sich gleichmäßig aus. Wer immer nur punktuell gießt, tut seinen Pflanzen und dem Wurzelwerk nichts Gutes – mit Folgen für Stabilität und Nährstoffaufnahme.

Auch der Wasserstrahl selbst ist nicht egal. Zu stark? Dann spülst du im Zweifel frisch gesetzte Samen oder zarte Keimlinge aus dem Topf. Zu kalt? Dann kriegst du einen Wurzel-Schock gratis dazu. Nimm handwarmes Wasser und arbeite dich langsam in mehreren Etappen vor. So kann die Erde das Wasser besser aufnehmen – und du vermeidest, dass alles sofort unten durchläuft, ohne richtig einzuziehen. Du wirst sehen: Nach ein paar Gießerfahrungen hast du den Dreh raus.

Für die richtige Bewässerung gilt: Beobachte deine Pflanze!

Anzeichen für Wassermangel oder Überwässerung

Im letzten Kapitel „Erste Probleme vermeiden: Spargelwachstum und Überwässerung“ haben wir das große Thema der Überwässerung bereits behandelt. Da es jedoch auch in der Vegi-Phase zu den häufigsten

Problempunkten zählt, zeige ich dir hier noch einmal die klaren Anzeichen dafür auf. Denn beim Gießen ist ein Punkt besonders heikel: Staunässe. Die entsteht schneller, als man denkt – und killt Wurzeln, lange bevor du es oben an der Pflanze merkst. Die Blätter wirken zwar erstmal sattgrün, rollen sich aber irgendwann ein, kriegen braune Stellen, werden weich oder fangen an zu hängen. Dann ist es meist zu spät.

Umgekehrt kann eine Pflanze, die zu selten oder ungleichmäßig gegossen wird, ebenfalls nicht richtig arbeiten – die Erde wird trocken, die Nährstoffe bleiben stecken, und das Wachstum stockt. Ach, und in der Erde leben viele Mikroorganismen, die deiner Pflanze sehr guttun. Die sind auch nicht glücklich, wenn es zu trocken oder eben zu nass wird.

Hier ein kurzer Überblick der klaren Anzeichen, die deine Pflanze dir gibt, wenn sie verdurstet – oder gerade komplett ersäuft:

Wassermangel:

- Die Blätter hängen schlaff herunter. Sogar der Haupttrieb ganz oben, der noch sehr frisch ist und dessen Austriebe noch klein sind, hängt schlaff herunter wie ein Schnürsenkel.
- Der Boden fühlt sich trocken an und löst sich leicht von den Topfrändern.
- Die Pflanze wächst langsamer oder zeigt erste gelbliche Verfärbungen. Das passiert, wenn es öfter zu Trockenphasen kommt, da gerade in der Wachstumsphase aus dem trockenen Substrat keine Nährstoffe aufgenommen werden können. Allen voran Stickstoff, der der Pflanze dann fehlt.

Überwässerung:

- Die Blätter sehen zwar grün, aber schlaff aus.
- Die Erde ist dauerhaft feucht, fühlt sich matschig an oder riecht modrig.
- Die Wurzeln beginnen zu faulen – du erkennst das an einem unangenehmen, muffigen Geruch aus dem Topf.

Du findest Anzeichen für Wassermangel oder Überwässerung bei deiner Pflanze? Keine Sorge, es ist noch nichts verloren! Was bei Wassermangel zu tun ist, sollte klar sein: gießen! Aber Vorsicht – auch wenn du deine Pflanze jetzt schnellstmöglich mit Wasser versorgen willst, ist langsames und bedachtes Gießen angesagt, sonst rutscht du schnell von einem Extrem ins nächste. Bei der Überwässerung kommt es ganz auf das Ausmaß des Schadens an. Was hier zu tun ist, haben wir bereits besprochen. Die Maßnahmen bleiben auch in der Vegi-Phase dieselben: Erde trocknen lassen, gegebenenfalls umtopfen und vor dem Gießen die Erde regelmäßig mit der Finger- oder Topfprobe auf Feuchtigkeit überprüfen.

Unterschiede zwischen Indoor- und Outdoor-Bewässerung

Ob drinnen im Zelt oder draußen im Garten: Der Standort deiner Pflanze hat massiven Einfluss auf ihren Wasserbedarf. Draußen spielen Wind, Sonne und Regen eine viel größere Rolle und können den Topf in kürzester Zeit austrocknen. Gerade in heißen Sommermonaten heißt das: öfter mal gießen – besonders bei jungen Pflanzen, die direkt im Boden und ohne Topf angebaut werden. Die Wurzeln kommen noch nicht tief genug runter, um sich selbst zu versorgen. Cannabispflanzen sind sowieso nicht so die Tiefwurzler, das sollte man vielleicht noch wissen.

Was du gerade im Outdoor-Bereich unbedingt vermeiden solltest: stumpf nach Uhrzeit oder Kalendereintrag zu gießen. Denn Temperatur, Luftfeuchtigkeit und Sonneneinstrahlung verändern sich ständig – und damit auch der Wasserbedarf deiner Pflanze. Es gilt also: Hör lieber auf die Pflanze als auf die Uhr und achte auf die gerade genannten typischen Anzeichen für Wassermangel oder Überwässerung!

Auf diese 3 Faktoren solltest du bei der Outdoor-Bewässerung achten:

Sonne:

Steht deine Pflanze draußen in der prallen Sonne, ist die Verdunstung besonders hoch – das Wasser verschwindet schneller, als du gucken kannst. An besonders heißen Tagen kann das sogar bedeuten, dass du morgens und abends gießen musst. Holzscheite oder andere schützende Elemente, die du um den Topf platzierst, schützen noch mal vor Verdunstung – ebenso eine schöne Mulchschicht. Was das genau ist und wie wichtig eine Mulchschicht sein kann, verrate ich dir zu einem späteren Zeitpunkt.

Lösung:
Bei Hitze am besten frühmorgens oder abends gießen – so verdunstet weniger Wasser. Gerade der Zeitraum unmittelbar nach Sonnenaufgang ist sehr gut. Vor allem, weil die Pflanze da nach dem Nachtzyklus sehr effizient Nährstoffe aufnimmt.

Wind:
Nicht nur die Erde leidet – Wind entzieht auch den Blättern Feuchtigkeit. Achte besonders an stürmischen Tagen darauf, dass deine Pflanzen nicht dursten. Schon ein halber Tag Trockenheit kann Stress bedeuten. Was viel schlimmer sein kann und den direkten Tod deiner Pflanzen bedeutet, ist natürlich ein Sturm. Achte also bei Unwetterwarnungen darauf, dass deine Pflanzen geschützt sind. Sonst fliegen schnell einmal die Töpfe um oder die Pflanzen knicken dir weg.

Lösung:
An windigen Tagen den Feuchtigkeitsstand besonders gut im Blick behalten.

Regen:
Viele denken: *„Es hat geregnet, also muss ich nicht gießen.“* Klingt logisch, stimmt aber nicht ganz. In den meisten Fällen hat man seine Cannabispflanze ja sowieso vor direktem Regen geschützt. Das ist vor allem in der Blütezeit sehr wichtig, aber so weit sind wir ja noch nicht. Mehrere Tage Regen sorgen übrigens auch dafür, dass deine Erde viel zu feucht wird, was wiederum Probleme verursachen kann. Stichwort: Wurzelfäule und Auswaschung der Nährstoffe im Topf.

Beachte also:

- Leichter Regen erreicht oft nur die Oberfläche. Die Wurzeln bleiben trocken.
- Starker Regen kann Nährstoffe auswaschen. Mineralien und Salze werden einfach aus dem Substrat gespült.

Lösung:
Nach leichtem Regen trotzdem gießen und bei kräftigem Regen checken, ob die Pflanze eine Extraportion Nährstoffe braucht.

Eine schön gewachsene Outdoor-Pflanze im kleinen Topf. Sie hat sich sehr gut entwickelt und ist bereit für die Blütephase.

Hoch hinaus? – Wann es Zeit wird für einen größeren Topf

Irgendwann sieht das Verhältnis von Cannabispflanze zu Töpfchen falsch aus. Winziger Topf, überdimensional große Pflanze. Das könnte man so lassen und hoffen, dass die Pflanze damit zurechtkommt. Oder man trifft eine kluge Entscheidung und tut das einzig Richtige: umtopfen.

Doch wann genau muss man seiner Pflanze mehr Raum geben? Erst dann, wenn sie schon unglücklich dreinschaut? Oder vielleicht so früh wie möglich?

Grundsätzlich kann man sagen, dass es sowohl ein „zu früh" als auch ein „zu spät" gibt. Wann genau es bei deiner Pflanze so weit ist, kann man nicht pauschal sagen. Das Wachstum der Wurzeln hängt von vielen Faktoren ab, die wir schon besprochen haben. Je besser die Bedingungen, desto schneller und gesünder wachsen logischerweise auch die Wurzeln.

Überprüfe die Wurzelbildung regelmäßig, indem du den Topf anhebst und schaust, ob du unten schon erste Wurzelspitzen an der Seite oder unten am Topf entdecken kannst. Wenn ja, solltest du dich mental schon mal aufs Umtopfen einstellen.

Wenn man die Wurzeln abreißen muss, um den Wurzelballen aus dem Topf zu lösen, ist es schon zu spät. Bleibt die Hälfte der Erde beim Rausnehmen der Pflanze im Topf, ist es zu früh. Die Erde ist nicht vollständig durchwurzelt und die Pflanze hat noch genügend Platz. Der richtige Zeitpunkt liegt also genau dazwischen. Im Optimalfall löst du also die Pflanze aus dem Topf und hast den gesamten Inhalt des Topfes rausgezogen, ohne Wurzeln abzureißen.

Hast du den optimalen Zeitpunkt für deine Pflanze ermittelt, gehst du folgendermaßen vor: Gieße deine Pflanze wie auch beim ersten Umtopfen am besten zwei Tage vor der Aktion, erst mal nicht mehr. So verhinderst du, dass die Erde zu nass oder zu trocken ist.

Nun kannst du dich um die offensichtlichen Sachen kümmern: Besorg dir einen größeren Topf und zusätzliches Substrat. Wahrscheinlich hast du beides sowieso schon rumstehen. Und dann kann es auch schon losgehen: Fülle zunächst das Substrat in den größeren Topf. Löse deine Pflanze wieder vorsichtig aus dem kleineren Topf und setze sie in die Erde. Achte dabei darauf, dass du die Pflanze nicht zu tief setzt. Ein Tipp: Die Blätter sollten im hängenden Zustand nicht die Erde berühren können. So vermeidest du – sollte es einmal so weit kommen –, dass die hängenden Blätter Kontakt zum Boden haben und im schlimmsten Fall gammelig werden.

Ein größerer Topf bietet mehr Platz für deine Pflanze, sprich mehr Raum für gesünderes Wachstum und eine reiche Ernte.

Luft anhalten verboten! – Warum deine Pflanze Frischluft liebt

Nach Wasser, Licht und Nährstoffen wird ein Faktor oft unterschätzt – dabei ist er mindestens genauso wichtig: frische Luft. Deine Pflanze möchte nämlich alles andere als stickige Stimmung. Stillstehende, verbrauchte Luft ist für sie purer Stress und kann dir schneller Probleme einhandeln, als dir lieb ist.

Gute Luftzirkulation sorgt dafür, dass deine Pflanze atmen kann. Über ihre Blätter nimmt sie CO_2 auf, das sie für die Photosynthese benötigt. Ohne ausreichenden Luftaustausch stagniert dieser Prozess. Das Wachstum wird langsamer, die Pflanze wirkt träge und wird anfälliger. Kurz gesagt: Ohne frische Luft keine starke Pflanze.

Gerade indoor ist Bewegung in der Luft Pflicht. Ein leichter Luftstrom stärkt außerdem die Stängel und Zweige. Ähnlich wie beim Training: Ein bisschen Widerstand macht stark. Pflanzen, die ständig in stehender Luft wachsen, bleiben weich und instabil – spätestens in der Blüte kann dir das dann zum Verhängnis werden. Ein sanft schwingendes Blatt ist also kein Problem, sondern ein gutes Zeichen.

Ein weiterer entscheidender Punkt: Feuchtigkeit. Ohne Luftzirkulation bleibt sie an Blättern und im Substrat hängen – perfekter Nährboden für Schimmel, Pilze und andere ungebetene Gäste. Besonders in der Vegi-Phase, wenn die Pflanze ordentlich Blattmasse aufbaut, ist das Risiko nicht zu unterschätzen. Frische Luft hilft, überschüssige Feuchtigkeit abzutransportieren und ein stabiles Klima zu halten.

Outdoor übernimmt Wind diesen Job ganz von selbst – meistens zumindest. Aber auch hier gilt: Dauerhafte Windstille kann problematisch sein, genauso wie extreme Zugluft. Ziel ist immer ein ausgewogenes Maß. Deine Pflanze will sich bewegen, aber nicht kämpfen müssen.

Merke dir also: Licht lässt wachsen, Wasser versorgt – aber Luft hält alles am Laufen. Wenn deine Pflanze frei „durchatmen“ kann, dankt sie es dir mit kräftigem Wachstum, gesunden Blättern und einer stabilen Basis für alles, was noch kommt.

Nach einem Sturm im Sommer waren meine Outdoor-Pflanzen etwas lädiert.

Outdoor-Grow: Pflanzen draußen wachsen lassen (ab Woche 4–6)

Draußen wachsen Pflanzen oft besonders robust: Sie bekommen echtes Sonnenlicht, frische Luft und genügend Platz, um sich zu entfalten. Das klingt nach dem perfekten Set-up – und das ist es oft auch! Doch der Outdoor-Grow bringt seine eigenen Herausforderungen mit: Du musst mit Wetterumschwüngen, hungrigen Schädlingen und neugierigen Blicken umgehen können. In diesem Kapitel zeige ich dir, wie du diese Hürden meisterst und aus deinem Balkon oder Garten eine vernünftige Pflanze kultivieren kannst.

Besonders wichtig: ein geeigneter Standort und eine behutsame Gewöhnung an die Sonne. Nur so startest du stabil in die Saison.

Sonne, Wind & Regen: Der richtige Standort

Story: Die Unkaputtbare

Sommergewitter sind der Endgegner jedes Outdoor-Grows. Nach einem Sturm fand ich meine größte Pflanze: Mittig komplett durchgeknickt, der obere Teil hing nur noch an einem Fitzelchen Rinde. Ich war am Boden zerstört, hatte aber keine Zeit für eine Not-OP und dachte: „Das war's, die entsorge ich am Wochenende." Drei Tage später komme ich mit der Intention in den Garten, die Pflanze gleich im Komposthaufen zu versenken und traue meinen Augen nicht. Die Pflanze stand wieder kerzengerade! Sie hatte an der Bruchstelle einen dicken Knubbel gebildet (wie ein geheilter Knochenbruch) und sah kräftiger aus als je zuvor. Seitdem weiß ich: Cannabis heißt nicht umsonst „Weed". Es will überleben, egal, was kommt. Das kannst du gerne für deine nächste umgeknickte Pflanze abspeichern.

Hier stand ich im frühen Sommer vor einer kleinen Automatic Outdoorpflanze in meinem Garten – ein kleiner Topf und kein optimaler Standort bringen kleinere Pflanzen und kleinere Blüten.

Der perfekte Standort für Cannabispflanzen im Freien sollte dennoch nicht nur sonnig, sondern auch leicht windgeschützt, aber gut durchlüftet sein. Ideal ist ein Ort, an dem die Pflanzen täglich mindestens sechs bis acht Stunden direktes Sonnenlicht erhalten. Besonders junge Pflanzen reagieren empfindlich auf starken Wind – deshalb empfiehlt es sich, sie hinter einer Hecke, einer Mauer oder zeitweise im Gewächshaus zu platzieren. Ein Beispiel: Stell dir einen Garten mit einer Terrasse vor, auf die die Sonne scheint. Die eine Seite der Terrasse ist durch einen Sichtschutzzaun zum Nachbarn begrenzt. Genau hier ist ein geeigneter Ort, um einen Topf mit deiner Pflanze aufzustellen oder sie direkt in die Erde zu pflanzen.

Beachte: Nutzt du outdoor den Anbau in einem Topf, spielt hier wieder die Drainage eine große Rolle: Die Pflanztöpfe brauchen Löcher im Boden, damit überschüssiges Wasser bei Regen gut ablaufen kann! Wird das Wasser nicht richtig abgeleitet, staut es sich – das schadet den Wurzeln und könnte zu Fäulnis und Wurzelsterben führen. Ich weiß, das haben wir weiter oben schon mal besprochen. Aber das ist tatsächlich so elementar wichtig, dass ich es am liebsten noch weitere zehn Mal erwähnen würde.

Um Pilzerkrankungen an der Pflanze zu vermeiden, kann man bei größeren Pflanzen einige innere Blätter entfernen. Diese bekommen ohnehin kein Licht und tragen nicht zur Photosynthese bei. Gleichzeitig fördert das Ausdünnen die Luftzirkulation, sodass die Pflanze nach Regen oder bei hoher Luftfeuchtigkeit schneller trocknet. Das ist aber wirklich nur wichtig, wenn man eine sehr kompakte, buschige Pflanze angebaut hat. Je nach Kompaktheit kann das Blattwerk zusammen mit den Seitentrieben ein so dichtes Wuchsbild hervorrufen, dass du nicht durch die Pflanze hindurchschauen kannst, wenn du dich auf einer Seite davon positionierst.

Schrittweise an die Sonne gewöhnen: So vermeidest du Verbrennungen

Wenn du deine Pflanzen im Innenraum vorgezogen hast, brauchen sie eine sanfte Gewöhnung an die Sonne. Zu plötzliches Sonnenlicht kann die Blätter verbrennen oder die Pflanze schwächen. In den ersten Tagen sollten die Pflanzen daher nur für wenige Stunden täglich ins Freie gestellt werden – vorzugsweise an einen halbschattigen Ort. Über den Zeitraum von etwa einer Woche hinweg kann die Sonnendauer dann schrittweise gesteigert werden, bis die Pflanzen schließlich den ganzen Tag draußen bleiben können. Vor allem in der Mittagshitze solltest du vorsichtig sein, denn junge Pflanzen reagieren hier besonders empfindlich. Ein Schattierungsnetz oder ein geschützter Standort helfen in dieser Phase, Schäden zu vermeiden. Wenn deine Pflanze erste Symptome wie blasse Blätter oder Brandflecken zeigt, war der Wechsel wahrscheinlich zu schnell. Bring sie dann für einige Tage an einen geschützten Ort zurück, damit sie sich erholen kann, und beginne anschließend erneut mit kürzeren Sonnenphasen.

Schädlinge & Wetterkapriolen: So schützt du deine Pflanzen

Im Outdoor-Anbau sind Schädlinge eine ständige Herausforderung, doch mit natürlichen Mitteln lassen sie sich gut in den Griff bekommen. Blattläuse beispielsweise sind kleine grüne oder schwarze Insekten, die sich vom Pflanzensaft ernähren. Wenn du sie entdeckst, kannst du sie absammeln oder mit einem kräftigen Wasserstrahl abspülen. Du kannst auch eine Seifenmischung oder – noch effizienter – ein Neemöl-Gemisch auf die betroffenen Stellen sprühen: Das wirkt je nach Grad des Befalls wahre Wunder. Auch Marienkäfer können wunderbar helfen und gelten als erstklassige Nützlinge, denn sie fressen Läuse zuverlässig.

Raupen wiederum hinterlassen Fraßspuren an den Blättern und sollten regelmäßig abgesammelt werden. Schnecken können besonders jungen Pflanzen gefährlich werden, da sie innerhalb kürzester Zeit ganze Triebe, ja sogar ganze Pflanzen, wegfressen. Um sie fernzuhalten, hilft es, einen durchsichtigen Becher mit Luftlöchern über die Pflanze zu stülpen, solange deine Pflanzen noch die Größe dafür haben.

2024 war zum Beispiel das Jahr der Nacktschnecken, weil es zu Beginn des Jahres besonders mild und feucht war und sich die Viecher wirklich in Massen reproduziert haben. Das Ganze glich einer Zom-

Ich kontrolliere meine Pflanze und stelle fest: Schädlinge!

bie-Apokalypse, nur eben auf Schneckenbasis. Ich habe an einem Abend innerhalb weniger Minuten über 100 Schnecken eingesammelt. Es war dunkel und etwas feucht draußen. Nach Ewigkeiten war endlich keine Schnecke mehr im Bereich von 5 bis 10 Metern um meine Outdoor-Pflanzen zu sehen. Was ich mit den Schnecken gemacht habe, sag' ich an dieser Stelle nicht, aber das Schockierendere war, dass ich nach etwa einer halben Stunde ungelogen die gleiche Anzahl an Schnecken vorfand, wenn nicht sogar noch mehr. In solchen Jahren, in denen die Schneckenpopulation so groß ist, kannst du nicht wirklich viel dagegen tun, außer die Töpfe mit den Pflanzen in eine Wanne mit Wasser zu stellen. In der Mitte der Wanne kannst du zwei Backsteine oder Ähnliches platzieren und dort deinen Topf draufstellen, sodass er keinen Kontakt zum Wasser hat, aber es auch gleichzeitig keinen Weg für die Schnecken mehr gibt, um die Pflanze zu erreichen. Ich denke, dass das die beste Anti-Schnecken-Methode ist, die ich dir geben kann.

Damit aber nicht genug. Auch Vögel können deinen Pflanzen gefährlich werden. Sie können die Pflanzen nicht nur rauszupfen, sondern sich auch in die Pflanzen setzen – oder noch schlimmer. Ich hatte bei der Standortwahl einmal einen fatalen Fehler gemacht. Ich habe den Topf mitsamt der Pflanze zu knapp unter dem Kirschbaum geparkt. Leider haben es sich zwei Vögel zur Aufgabe gemacht, den Kirschbaum leer zu futtern und gleichzeitig die darunter stehende Pflanze vollzuscheißen. Das war wirklich so heftig, dass ich die Pflanze danach nur noch mit dem Wasserschlauch abspritzen konnte. Schön ist anders!

Sicherheit & Tarnung: Wie du unauffällig anbaust

Story: Die Tomate auf Steroiden

„Ich verstecke die Pflanze einfach zwischen den Tomatensträuchern im Beet“, dachte ich mir. Ein genialer Plan. Drei Wochen später hatten meine Tomaten allerdings ein Problem: Sie bekamen kein Licht mehr. Die Cannabispflanze war förmlich explodiert und hatte die armen Tomaten komplett unter sich begraben. Vom Gartentor aus sah man keine Tomaten mehr, sondern nur noch einen riesigen, grünen Busch, der verdächtig wenig nach Pizza-Zutat aussah. Merke: Cannabis spielt nicht gerne „Verstecken“ – Cannabis will der Chef sein.

Neben den Gefahren rund um Schädlinge und Wetter gibt es beim Outdoor-Grow schließlich noch weitere: neugierige Blicke, Haustiere oder Kinder, die aus Versehen Pflanzen beschädigen oder sogar entwenden könnten. Daher ist es wichtig, dass du deine Pflanzen an einem nicht einsehbaren Ort platzierst – etwa hinter einer Hecke, einer Sichtschutzwand oder in einem geschlossenen Gartenbereich. Hochbeete, Mini-Gewächshäuser oder sogar ein abgeschirmter Balkon bieten zusätzlichen Schutz und ermöglichen gleichzeitig einen diskreten Anbau. Letztlich geht es nicht nur darum, deine Pflanzen vor äußeren Einflüssen zu schützen, sondern auch verantwortungsvoll mit dem Anbau umzugehen. Wer vorbereitet ist, auf Sicherheit achtet und seine Pflanzen gut pflegt, wird mit gesunden Trieben, kräftigem Wachstum und einer diskreten Ernte belohnt.

Am Ende des Tages ist natürlich immer die Frage, ob man sich mit seinem „Hobby“ oder der Leidenschaft rund um den Anbau und Konsum von Cannabispflanzen verstecken muss. Diese Frage muss sich jeder selbst beantworten. Ich für meinen Teil denke, dass es wichtig ist, seinen Grow – egal ob indoor oder outdoor – so zu gestalten, dass keine Dritten und vor allem keine Kinder oder Jugendliche Zugriff auf die Pflanzen haben. Jedoch wollen wir auch alle die Stigmatisierung in der Gesellschaft auflockern. Wenn ich mir vorstelle, dass plötzlich alle ihre Leidenschaft zum Growen nach außen zeigen würden, würde die Akzeptanz dafür vielleicht schneller kommen. Weil, sind wir mal ehrlich, es sind nicht immer nur Gangster, die diese Pflanze anbauen. Wir reden hier über Studenten, Lehrer, Kassierer, Banker oder von mir aus auch Feuerwehrmänner oder – um hier niemanden zu verärgern – natürlich auch Feuerwehrfrauen.

In diesem Video erfährst du, wie mein Outdoor-Anbau verlief, inklusive Kurzserie, Ernte und Trocknung:

Futter für fette Blüten: Dünger & Nährstoffe (ab Woche 3)

Düngen – für manche eine Wissenschaft, für andere ein Ratespiel. Die Wahrheit liegt dazwischen: Es ist gar nicht so kompliziert, wenn man ein paar Grundlagen kennt. Damit deine Pflanzen am Ende kräftig wachsen, gesunde Wurzeln entwickeln und dir eine dicke Ernte liefern, zeige ich dir hier die Basics.

Stell dir vor, du müsstest monatelang von Toastbrot und Wasser leben – kein Highlight, oder? Genau so geht es deiner Pflanze, wenn sie nicht mit den passenden Nährstoffen versorgt wird. Pflanzen brauchen in jeder Wachstumsphase andere Bausteine. Keine Sorge: Düngen ist eine einfache Sache – du musst nur wissen, wann deine Pflanze was braucht. Ob für die Wurzelbildung, sattes Blattgrün oder dicke Blüten: Der richtige Zeitpunkt und die passende Mischung machen's aus. Organisch düngen oder mineralisch? Auch das klären wir noch!

Im nächsten Teil zeige ich dir, wie du deine Pflanze gezielt mit Nährstoffen versorgst – ohne Fachchinesisch und ohne, dass du dafür ein Studium gemacht haben musst. Du lernst Schritt für Schritt, so zu düngen, dass es deinen Pflanzen erst mal an nichts fehlt – und was sie wirklich brauchen, um stark und gesund zu bleiben.

Dünger-Basics: Was deine Pflanze wirklich braucht

Damit deine Pflanze alles bekommt, was sie für ein kräftiges Wachstum braucht, solltest du eine ungefähre Vorstellung davon haben, welche Nährstoffe sie wann benötigt. Einfach irgendetwas in die Erde zu kippen, bringt nichts – im schlimmsten Fall schadet es sogar. Deshalb schauen wir uns jetzt an, was wirklich zählt. Grundsätzlich unterscheidet man zwischen Makronährstoffen, die deine Pflanze in großen Mengen benötigt, und Mikronährstoffen, die nur in Spuren gebraucht werden, aber dennoch eine entscheidende Rolle spielen.

Makronährstoffe

Makronährstoffe bilden das Fundament für ein starkes Wachstum. **Stickstoff** etwa gilt als echter Wachstumstreiber. Er sorgt außerdem für sattgrüne Blätter und kräftige Stängel – besonders in der Entwicklungsphase ist er unverzichtbar. Wenn die Pflanze unter Stickstoffmangel leidet, zeigen sich die älteren Blätter zunächst hellgrün bis gelb. Es kann außerdem zu starken Hemmungen im Wachstum bis hin zum Wachstumsstopp kommen: Die Pflanze bleibt klein, die Stängel sind schwach und dünn. In solchen Fällen helfen schnell wirksame Flüssigdünger mit hohem Stickstoffgehalt. Langfristig kannst du mit Kompost oder Wurmhumus vorbeugen und eine stabile Versorgung sicherstellen.

Hier sieht man deutlich einen Stickstoffmangel. Die unteren Blätter färben sich hell und werden gelb.

Phosphor ist besonders wichtig für die Wurzelentwicklung und die Blütenbildung. Pflanzen brauchen ihn grundsätzlich sowohl in der Wachstums- als auch in der Blütephase. Ein Mangel kann sich, wie beim Stickstoffmangel, durch ein schwaches oder langsames Wachstum, dünne, schlecht entwickelte Wurzeln und manchmal auch durch eine leicht rötliche oder zarte lila Verfärbung an den Stängeln und Blattunterseiten zeigen. Gerade Anfänger verwechseln diese Verfärbungen schnell mit einem Kälteschaden – beide sehen ähnlich aus. Wenn du Jungpflanzen hast, die kaum anwachsen oder „stehen bleiben", kann Phosphormangel der Grund dafür sein. Ein phosphorhaltiger Dünger („Blütendünger") kann hier helfen. Im Regelfall ist aber in fast allen Wachstumsdüngern auch Phosphor vorhanden.

Kalium sorgt dafür, dass die Zellstruktur stabil bleibt, die Pflanze Wasser besser speichern und transportieren kann und allgemein robuster gegen Krankheiten und Stress ist. Besonders während der Blütephase braucht die Pflanze viel Kalium, damit die Blüten groß und kompakt werden und die Pflanze einfach Blütenmasse aufbauen kann. Ein Kaliummangel zeigt sich an braunen, vertrockneten Blatträndern, gelben Flecken zwischen den Blattadern und daran, dass die Stängel weich und instabil werden. Die Blüten bleiben dann oft klein und liefern wenig Ertrag. Wenn die Pflanze plötzlich „schlapp" aussieht, obwohl sie genug Wasser hat, könnte es natürlich am Gießen liegen, aber eben auch daran, dass Kalium fehlt. Mineralische Flüssigdünger mit Kalium wirken schnell. Auch hier gilt: Die meisten Dünger enthalten bereits Kalium. Schau dir einfach mal die Inhaltsstoffe deines Düngers an, falls du bereits einen hast.

Mikronährstoffe

Doch auch Mikronährstoffe dürfen nicht unterschätzt werden – selbst wenn sie nur in winzigen Mengen benötigt werden. An dieser Stelle wird es vielleicht etwas komplizierter und für viele nicht so relevant sein, da die meisten von euch Volldünger verwenden werden. Und ja, es gibt gute und weniger gute Dünger, und solche, die für den Cannabisanbau besser geeignet sind als andere. Wähle also grundsätzlich eher gute und passende Dünger für deine Cannabispflanzen aus. Nichtsdestotrotz gebe ich dir im Folgenden mal einen Einblick in die Mikronährstoffe, die von Bedeutung sind.

Magnesium ist eines der wichtigsten dieser Spurenelemente. Ohne Magnesium kann die Pflanze kein Chlorophyll bilden, und damit funktioniert auch die Photosynthese nicht richtig. Typisch für Magnesiummangel sind gelbe Blätter mit betont dunkelgrünen Blattadern. Ein schnelles Mittel dagegen ist Bittersalz im Gießwasser, langfristig sorgt Dolomitkalk für eine stabile Versorgung.

Kalzium ist wichtig für stabile Zellwände und sorgt dafür, dass Blätter, Stängel und Triebe fest und gesund bleiben. Außerdem hilft es der Pflanze dabei, andere Nährstoffe besser aufzunehmen – ohne ausreichend Kalzium kann also selbst anderer vorhandener Dünger nicht optimal wirken. Ein Mangel an Kalzium zeigt sich oft durch: weiche, deformierte, junge Blätter, die sich nicht richtig entfalten; dünne, instabile Stängel, die leicht brechen; bei manchen Pflanzen auch durch braune Flecken in den Blattspitzen (bekannt etwa bei Tomaten als Blütenendfäule).

Zur Soforthilfe kann man Gips (Calciumsulfat) oder Gartenkalk verwenden – beides stellt schnell verfügbares Kalzium bereit. Für eine langfristige, sanfte Versorgung eignen sich fein gemahlene Eierschalen (einfach trocknen und mörsern) oder Knochenmehl, das langsam Nährstoffe abgibt. Aber auch da haben die Düngerhersteller die richtigen Produkte parat: Kalzium-Magnesium-Präparate, kurz: CalMag. Das ist vor allem für den Indoor-Grow unter starken LEDs ein sehr gern genutztes Produkt.

Auch **Schwefel** ist wichtig – besonders für Enzyme und Wachstumsprozesse. Er macht die Pflanze robuster und widerstandsfähiger. Wenn junge Blätter gelb werden und das Wachstum verlangsamt ist, fehlt es oft an Schwefel. Schwefelsaure-Dünger schafft kurzfristig Abhilfe, während Algenextrakt oder Kompost eine nachhaltige Lösung bieten.

Eisen wiederum wird für die Chlorophyllbildung und eine gesunde Nährstoffaufnahme benötigt. Wenn junge Blätter gelb werden, während die Blattadern grün bleiben, ist das oft ein Zeichen für Eisenmangel – ähnlich wie bei Magnesium. Auch Wachstumsstörungen können auftreten. In solchen Fällen wirken Eisendünger oder sogenannte Chelate sehr schnell. Humus, Algen oder Kompost können die Eisenversorgung langfristig sichern.

Wenn die Pflanze gerade im Indoor-Anbau unter LEDs nicht ausreichend Kalzium und Magnesium hat, kann das so aussehen.

Damit deine Pflanzen gesund und kräftig wachsen, brauchen sie also mehr als nur die klassischen Hauptnährstoffe Stickstoff, Phosphor und Kalium, kurz NPK. Auch Magnesium, Eisen und andere Spurenelemente sind essenziell. Achte deshalb auf eine ausgewogene Düngung – viele hochwertige Dünger enthalten alle wichtigen Stoffe in der richtigen Zusammensetzung. Und nicht zuletzt: Deine Pflanze zeigt dir selbst, was ihr fehlt. Wenn du sie regelmäßig beobachtest, wirst du schnell erkennen, wann sie Unterstützung braucht.

Im nächsten Kapitel sehen wir uns an, ob organische oder mineralische Dünger besser zu deinem Setup passen – und wie du den Überblick behältst.

Organischer vs. mineralischer Dünger – Was ist besser?

Mineralischer Dünger – Turbo-Wachstum mit Risiken

Mineralischer Dünger wirkt wie ein Energy-Drink für deine Pflanze: schnell, direkt und effektiv. Die Nährstoffe stehen sofort zur Verfügung – ideal also, wenn du kurzfristig schnelle Ergebnisse brauchst. Doch Vorsicht: Dieser Effekt kommt nicht ohne Risiko. Da mineralischer Dünger direkt über das Bodenwasser aufgenommen wird, kann er schnell überdosiert werden. Die Pflanze filtert dabei nicht, sondern nimmt alles auf, was im Substrat verfügbar ist. Zu viel Dünger kann so rasch zu Wurzel- oder Blattverbrennungen führen – ein Fehler, der vor allem Anfängern häufig unterläuft.

Wachstums- oder Blütendünger – Was ist der Unterschied?

Wenn du dich als Anfänger für mineralischen Dünger entscheidest, empfiehlt es sich, mit unkomplizierten und gut dosierbaren Varianten zu beginnen. Flüssigdünger mit einem vollständigen NPK-Verhältnis –

also einem ausgewogenen Gehalt an Stickstoff, Phosphor und Kalium – bieten eine einfache Möglichkeit, die Pflanze rundum zu versorgen. Du findest solche Dünger z.B. bei Herstellern wie *Hesi*, *Plagron*, *Biobizz* und Co. Einzeldünger bzw. Monopräparate empfehle ich an dieser Stelle nicht. Oft kommt man da eh nicht dran und auf der anderen Seite ist das Risiko, etwas „falsch“ zu machen, sehr groß.

Doch wann gebe ich welchen Dünger? Im Normalfall steht der Anwendungscharakter des Düngers immer vorne auf der Packung drauf. Wachstum, Grow, Vegi oder ähnliche Beschreibungen deuten immer auf einen Wachstumsdünger hin. Blüte oder Bloom sind die Präparate, die deiner Pflanze vor allem in der Blütephase helfen, schöne Blüten auszubilden.

Für das Wachstum ist das NPK-Verhältnis eher stickstofflastig. Das heißt N, also der Stickstoffanteil, ist wesentlich höher als P und K, also Phosphor und Kalium. Beim Blütedünger hingegen ist der Wert von Phosphor und Kalium höher.

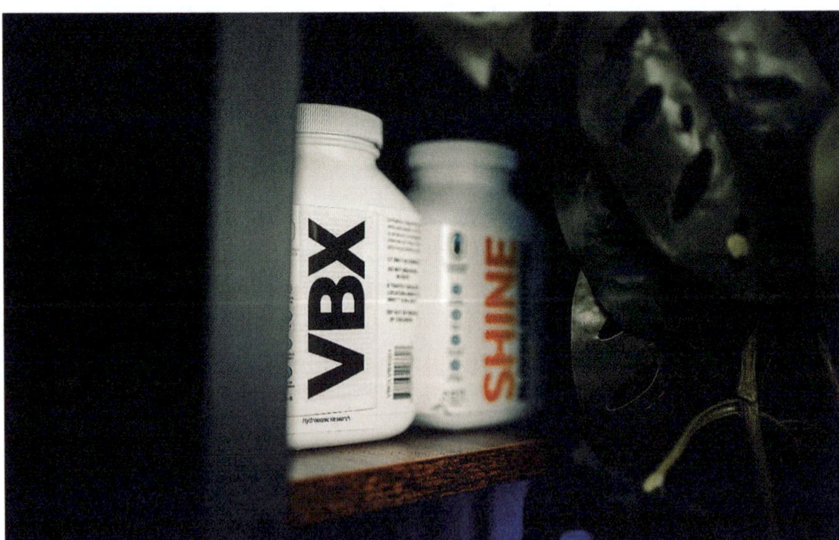

Mineralischer Dünger von *VBX* und *Shine*. Mehr ist nicht nötig – die Dünger sind perfekt auf Cannabispflanzen abgestimmt.

Egal, welchen Dünger du verwendest: Halte dich immer an die mitgelieferte Dosierempfehlung auf der Verpackung, es sei denn, du hast selbst bereits genug Erfahrung und weißt, wie du den Dünger für deinen Anwendungsfall individuell und passend dosierst.

Fazit: Mineralischer Dünger ist kraftvoll, aber auch fehleranfällig. Wenn du auf der sicheren Seite bleiben möchtest, lohnt es sich, auch die organische Alternative in Betracht zu ziehen.

Organischer Dünger – Langfristige Power aus der Natur

Organischer Dünger ist kein Schnellschuss, sondern vielmehr ein nachhaltiges Festmahl für deine Pflanzen. Er wirkt langsam, aber stetig, und versorgt deine Pflanzen über einen längeren Zeitraum hinweg mit wichtigen Nährstoffen. Gleichzeitig wird durch seine Anwendung das Bodenleben aktiv unterstützt, was der Pflanze dabei hilft, auf ganz natürliche

Der Rosenkäfer im Hochbeet neben den Cannabispflanzen verspricht eine humusreiche Erde.

Weise Nährstoffe aufzunehmen. Mikroorganismen, Regenwürmer und andere Bodenbewohner profitieren von organischer Düngung – und leisten im Gegenzug wertvolle Arbeit für deine Pflanzen.

Das intakte Bodenleben fördert darüber hinaus, dass gewisse Nährstoffe überhaupt pflanzenverfügbar werden. Denn organische Bestandteile in der Erde müssen zuerst aufgespalten werden, damit die Pflanze davon profitieren kann – und genau das übernimmt das Mikrobiom in deinem Topf. Bei den mineralischen Düngern ist das nicht der Fall, da sie ja bereits in mineralische Form zugeführt werden.

Warum organischer Dünger sich lohnt

Was den organischen Dünger besonders macht, ist seine schonende Wirkung. Die Nährstoffe werden nur langsam freigesetzt, was eine Überdüngung nahezu unmöglich macht. Gleichzeitig verbessert sich durch die organischen Stoffe langfristig die Qualität des Bodens – eine Wirkung, die mineralischer Dünger nicht leisten kann. Während synthetischer Dünger nach der Aufnahme durch die Pflanze „verbraucht" ist, bleibt der Nutzen von organischen Materialien dauerhaft erhalten.

Diese organischen Dünger helfen besonders

Organische Dünger gibt es viele. Diverse Hersteller bieten ihn in Form von Flaschen als Flüssigdünger an, aber du kannst natürlich auch selbst organisch düngen. Zu den beliebten Selfmade-Düngern auf organischer Ebene gehört Kompost – ein vielseitiger Klassiker, der sich für alle Wachstumsphasen eignet. Wurmhumus, produziert von Regenwürmern, liefert besonders ausgewogene Nährstoffe über einen langen Zeitraum. Für die Blütezeit bietet sich Guano an, also Fledermaus- oder Vogelkot, der durch seinen hohen Phosphoranteil ideal geeignet ist. Bokashi, ein fermentierter Küchenabfall, bringt extrem viele Nährstoffe mit und gilt als besonders nährstoffreiches „Superkompost"-Produkt. Zusätzlich können Mykorrhiza-Pilze das Wurzelwachstum stärken, indem sie in Symbiose mit den Pflanzenwurzeln leben und so die Nährstoffaufnahme verbessern.

Für wen eignet sich organischer Dünger?

Organischer Dünger eignet sich besonders für Gärtner, die ihre Pflanzen nicht ständig nachdüngen möchten, den Boden langfristig verbessern wollen und dabei möglichst wenig Risiko bei der Dosierung eingehen möchten. Gerade für Anfänger bietet diese Form der Düngung viele Vorteile, denn sie ist deutlich verzeihender und nachhaltiger – ohne dabei auf gesunde, kräftige Pflanzen verzichten zu müssen.

Organischer Dünger *Bio Grow* und *Bio Bloom* der Firma *Hesi*.

Was ist besser – organisch oder mineralisch?

Das kommt ganz darauf an, was du willst:

Eigenschaft	Mineralischer Dünger	Organischer Dünger
Wirkungsgeschwindigkeit	Schnell	Langsam
Überdüngungsgefahr	Hoch	Gering
Förderung des Bodenlebens	Nein	Ja

Eigenschaft	Mineralischer Dünger	Organischer Dünger
Langfristige Bodenverbesserung	Nein	Ja
Geeignet für Anfänger	Ja, aber vorsichtig dosieren	Ja, weil schonender
Erhältlich als	Flüssigdünger, Granulat	Flüssigdünger, Kompost, Wurmhumus, Guano, Brennnesseljauche

Mein Tipp:

- Für schnelles Wachstum und volle Kontrolle: mineralischer Dünger (aber mit Augenmaß!).
- Für langfristig gesunde Pflanzen und nachhaltigen Anbau, vor allem im Outdoor-Bereich in Beeten, Gewächshäusern oder direkt in der Erde: organischer Dünger. Denn da wechselt man ja meist über Jahre die Erde nicht.

Oder du kombinierst beide! Viele Grower nutzen eine Mischung aus beiden Methoden – zum Beispiel eine organische Grundversorgung für den Boden und mineralische Ergänzungen, wenn die Pflanze in bestimmten Phasen mehr Nährstoffe braucht. Aber dabei könnte der organische Effekt verpuffen, da die Mikroorganismen in der Erde durch eine zu hohe Konzentration von mineralischen Düngern in Form von Salzen das Mikrobiom angreifen. Daher ist die Kombination aus beidem zwar möglich, aber nicht unbedingt empfehlenswert.

Wichtig ist noch zu wissen, dass organischer Flüssigdünger in einem hydroponischen Grow nicht verwendet werden kann, da hierbei die organischen Bestandteile den Pflanzen nicht verfügbar gemacht werden können, weil keine Mikroorganismen, wie etwa in der Erde, vorhanden sind. Ebenfalls verklebt ein organischer Flüssigdünger Leitungen und eignet sich daher auch nicht bei einer automatischen Bewässerung, wie zum Beispiel einer Tropfbewässerung.

Jungpflanze in Hydrokultur. Hier mit der Cannabis-Mutation *Mentha de Croco* von *TerpyZ*.

Egal, für welche Variante du dich entscheidest: Beide Varianten funktionieren hervorragend. Gehe den Weg, den du für richtig hältst.

Mehr Blüten, weniger Blabla: Düngen mit Plan

Düngen ist keine Raketenwissenschaft – aber ein bisschen Plan schadet nicht. Denn einfach drauflos zu düngen führt oft zu gelben Blättern, verbrannten Spitzen und krank aussehenden Pflanzen. Damit das nicht passiert, schauen wir uns jetzt an, **wann**, **wie oft** und **wie viel** du wirklich düngen solltest.

Pflanzen haben je nach Phase ganz unterschiedliche Bedürfnisse. Deine Aufgabe ist es, diese Phasen zu erkennen – und entsprechend zu handeln. Also: **Schritt für Schritt zur perfekten Düngung.**

1. Keimung – Brauchen Sämlinge überhaupt Dünger?

Ganz klare Antwort: Nein!

In den ersten Tagen oder Wochen versorgt sich dein Keimling komplett selbst – die nötige Energie, die dein Keimling benötigt, steckt im Samen. Düngst du zu früh, kann das die zarten Wurzeln überfordern oder sie sogar schädigen. Der Keimling kann bei einem zu hohen Nährstoffangebot gleich zu Beginn einen stark verlangsamten Wuchs zeigen und deformierte Blätter ausbilden.

Falls du vorgedüngte Erde nutzt (was viele Anfänger tun): Kein Problem – da ist alles drin, was der Sämling braucht. Bei sehr stark mit Nährstoffen angereicherter Erde kann es aber schon mal problematisch werden. Gerade sogenannte Living-Soil-Produkte haben ordentlich Bums. Man kann etwas entgegenwirken, wenn man den Sämling vorher in einem kleineren Topf startet und erst dann in die scharfe Erde setzt, wenn die Pflanze bereits zwei bis drei Wochen alt ist. Dann vertragen die Pflanzen das scharfe Substrat wesentlich besser. Manche setzen auch im oberen Bereich des Topfes einfach mildere Erde ein, damit der Sämling darin die ersten Wochen anwächst und die Wurzeln dort ausbildet. Im unteren Teil des Topfes liegt die schärfere Erde, die die Wurzeln erst beim späteren Wachstum erreichen.

Wenn du hingegen in komplett nährstoffarmer Anzuchterde startest, kannst du ab der zweiten Woche ganz vorsichtig mit **minimal verdünntem Dünger** arbeiten – aber wirklich nur sehr sparsam!

2. Wachstumsphase – Wann ist der beste Zeitpunkt für Stickstoff?

Jetzt legt die Pflanze los: Blätter, Triebe, Volumen – alles wächst in die Höhe. Und was ist dafür besonders wichtig? Richtig: **Stickstoff (N)**!

Ein guter Startpunkt für das Düngen ist etwa **2–3 Wochen nach der Keimung**, wenn deine Pflanze die ersten echten Blätter entwickelt hat.

Wichtig: Nicht sofort die volle Dosis geben – langsam herantasten!

Dünge-Regel für die Wachstumsphase:

- Starte mit der Hälfte der empfohlenen Dosis und steigere dich langsam.
- Dünge einmal pro Woche oder bei Bedarf – beobachte deine Pflanze!
- Falls du mineralisch düngst: Stickstoffreiche Wachstumsdünger wie *Hesi TNT* sind gute Optionen.
- Falls du organisch düngst: Gute organische Flüssigdünger für die Wachstumsphase funktionieren super. Auch da verwende ich gerne ein Produkt von *Hesi*, und zwar den *Bio Grow*. Warum immer wieder Produkte von *Hesi*? Das erkläre ich dir später noch genauer. Auch Wurmhumus, Komposttee oder Brennnesseljauche versorgen deine Pflanze jetzt schonend und effektiv.

3. Blütephase – Wechsel auf Phosphor- und Kaliumdünger

Jetzt wird's spannend: Deine Pflanze setzt den Fokus nicht mehr auf die Produktion von Blattmasse, sondern konzentriert sich voll auf ihre Blüten. Und das bedeutet: **Stickstoff runter, Phosphor (P) und Kalium (K) rauf!**

Warum?
Hierzu könnte man ein eigenes Buch schreiben, aber vereinfacht gesagt: Phosphor (P) fördert die Wurzelbildung und sorgt für kräftige, dichte Blüten. Kalium (K) stärkt die Pflanze, verbessert die Harzproduktion und macht sie widerstandsfähiger gegen Schädlinge und Krankheiten.

Dünge-Regel für die Blütephase:

- Je nachdem, wann deine Pflanze in die Blüte geht (bei Automatics) oder wann du sie in die Blütephase schickst (bei photoperiodischen Pflanzen), ist mit der Umstellung in die Blüte der richtige Zeitpunkt gekommen, um von Wachstumsdünger auf Blütendünger umzustellen.

- Falls du mineralisch düngst: Gute Blütendünger sind beispielsweise *Hesi Bloom Complex*.
- Falls du organisch düngst: Auch hier gehen flüssige organische Blütendünger wieder richtig gut. Guano, Knochenmehl oder Melasse liefern genau die richtigen Nährstoffe für eine gesunde Blüte.
- Viele düngen ihre Pflanze in den letzten zwei Wochen gar nicht mehr. In den letzten Wochen kann man aber meiner Meinung nach noch einiges aus den Blüten rausholen. Von daher ist auch hier wichtig, deine Pflanzen auf Nährstoffmängel und die Blütengröße zu beobachten. Pauschal zu sagen, dass man die letzten 1–2 Wochen nicht mehr düngen sollte, ist aus meiner Sicht nicht in Ordnung.

Wie oft und wie viel düngen?

Wie viel Dünger ist eigentlich genug – und ab wann wird's zu viel? Zunächst: Das Allerwichtigste ist, dass keine Formel zum Düngen zu dir passen muss. Faktoren wie Licht, Temperatur oder auch mit welchem Wasser du gießt, sind starke Einflussfaktoren, die du beim korrekten Dosieren deines Düngers einkalkulieren müsstest. Deshalb ist die oberste Regel: Beobachte deine Pflanze! Sie kann dir zeigen, wenn es ihr an Nährstoffen fehlt oder wenn es zu viel des Guten war. Sie zeigt dir auch, wenn das Nährstoffangebot perfekt zu ihr passt.

Die wichtigste Grundregel lautet: **Weniger ist mehr**.

Gerade Anfänger neigen dazu, nach dem Motto „viel hilft viel" zu handeln – aber bei Pflanzen kann das schnell nach hinten losgehen. Zu hohe Düngermengen verbrennen nicht nur die Wurzeln, sondern können auch zu einem sogenannten „Lockout" führen. Dabei blockiert sich die Pflanze selbst und nimmt überhaupt keine Nährstoffe mehr auf – ein Zustand, der sich nur schwer wieder beheben lässt.

Damit dir das nicht passiert, gilt: **Starte immer mit der halben Dosis**, die auf dem Etikett empfohlen wird. Wenn du beobachtest, dass die Blätter heller werden oder vielleicht schon im unteren Bereich der

Outdoorpflanze in der Blüte, die mit einem Stickstoffüberschuss und mit nicht genug Phosphor und Kalium gehalten wurde. Die Blattmasse ist dadurch sehr hoch und die Blütenbildung gering.

Pflanze vergilben, dann wird in den allermeisten Fällen zu wenig Stickstoff zur Verfügung stehen. Also musst du da natürlich nicht unbedingt mit der halben Dosis anfangen. Viele Hersteller richten sich mit ihren Angaben nämlich an Profis, die ganz genau wissen, was sie tun. Falls deine Pflanze Symptome eines Mangels zeigt (etwa gelbe Blätter oder stagnierendes Wachstum), kannst du die Dosis behutsam steigern. Zeigt sie hingegen Anzeichen einer Überdüngung (zum Beispiel braune Spitzen, dunkelgrüne Blätter oder eine hängende Haltung), solltest du sofort reagieren: Jetzt solltest du entweder die Düngergabe reduzieren oder die Erde mit klarem Wasser durchspülen, um überschüssige Nährsalze auszuschwemmen.

Warum dieses vorsichtige Vorgehen gerade bei mineralischem Dünger sinnvoll ist, erklärt das sogenannte Zucker-Wasser-Prinzip: Gibst du ein bisschen Zucker in ein Glas Wasser, löst sich alles problemlos auf – das Wasser ist angenehm süß. Kippst du jedoch zu viel Zucker hinein, kann sich der Überschuss nicht mehr lösen und setzt sich am Boden ab. So ähnlich verhält es sich mit Dünger im Substrat: Was zu viel ist, bleibt ungenutzt – und kann der Pflanze sogar schaden.

Fazit: Besonders beim Düngen ist es wichtig, dass du ein Gefühl für deine Pflanze entwickelst. Wenn du den Wachstumszyklus und die verschiedenen Phasen der Pflanze kennst und ihre Bedürfnisse verstehst, kannst du sie gezielt mit den richtigen Nährstoffen versorgen – ohne sie zu überfüttern oder zu stressen.

Hier noch einmal die wichtigsten Punkte:

- Keimlinge brauchen keinen Dünger – je nach Erde und Erscheinungsbild der Pflanze erst nach ca. 2 Wochen langsam anfangen.
- In der Wachstumsphase braucht deine Pflanze vor allem Stickstoff (N) für Blattmasse und Volumen.
- In der Blütephase solltest du auf Phosphor (P) und Kalium (K) umstellen.

- Dosiere vorsichtig! Lieber mit weniger starten und langsam steigern.
- Beobachte deine Pflanze – sie zeigt dir, was sie braucht!

Wenn du diese Punkte beachtest, kann eigentlich nichts mehr schiefgehen – deine Pflanze wird es dir mit kräftigem Wachstum und dichten Blüten danken!

Pipetten wie diese sind ideal dafür geeignet, um Flüssigdünger zu dosieren.

Air-Pruning & Wurzeldünger: Das Geheimnis starker Pflanzen

Die Wurzeln sind das Herzstück deiner Pflanze. Je gesünder und kräftiger die Wurzeln sind, desto besser wächst und gedeiht die Pflanze – und desto widerstandsfähiger ist sie gegen äußerliche Einwirkungen wie Schädlinge oder andere Formen von Stress (wie etwa Kälte, Wind und Feuchtigkeit). Viele Anbauanfänger unterschätzen dabei, wie wichtig das Wurzelsystem für die Nährstoffaufnahme ist. Genau hier setzt

Air-Pruning an. Mit dieser einfachen, aber genialen Technik machst du deine Wurzeln dichter, gesünder und aufnahmefähiger.

In diesem Abschnitt erfährst du, wie Air-Pruning funktioniert, warum es deine Pflanze stärker macht und welche Vorteile Stofftöpfe gegenüber klassischen Töpfen haben. Außerdem bekommst du eine praktische Schritt-für-Schritt-Anleitung, wie du deine Pflanzen mit Air-Pruning optimal versorgst.

Was ist Air-Pruning und warum verbessert es die Nährstoffaufnahme?

Zugegeben, an dieser Stelle wird es etwas „deeper", aber dafür auch umso interessanter. Denn ohne zusätzlichen Aufwand eine stärkere Pflanze zu growen, kann nur gut sein. Aber der Reihe nach. Vielleicht hast du es schon mal erlebt: Du ziehst eine Pflanze aus einem normalen Plastiktopf und siehst, dass sich die Wurzeln spiralförmig am Rand entlang kringeln. Das ist ein typisches Problem. Die Pflanze stößt irgendwann an die Begrenzung des Topfes, die Wurzeln drehen ab und wachsen nicht mehr effektiv weiter. Dadurch konzentrieren sich die Wurzeln auf den äußeren Bereich und vor allem auf den Boden des Topfes, während der innere Bereich nicht optimal ausgenutzt wird. Gleichzeitig verdrängen sich die Wurzeln gegenseitig, was die Nährstoff- und Wasseraufnahme stark einschränkt, da feine Haarwurzeln fehlen.

Genau hier kommt Air-Pruning ins Spiel. Bei dieser Methode wird die Wurzel an der Spitze abgeschnitten, sobald sie auf die luftigen und porösen Außenwände des Stofftopfes trifft. Dadurch bildet die Pflanze automatisch viele neue, feine Seitenwurzeln, die wieder ins Innere des Topfes wachsen und sich zusätzlich auch von innen heraus neu verzweigen. Das sorgt für ein wesentlich dichteres Wurzelsystem im gesamten Topf. Das Ergebnis ist eine Pflanze mit deutlich mehr aktiven Wurzeln, die mehr Nährstoffe und Wasser aufnehmen kann. So wächst sie schneller, kräftiger und robuster.

Vorteile von Stofftöpfen gegenüber klassischen Plastik- oder Tontöpfen

Um Air-Pruning zu nutzen, brauchst du spezielle Töpfe. Klassische Plastiktöpfe sind glatt und natürlich dicht von der Außenluft abgeschnitten, wodurch die Wurzeln einfach daran entlangwachsen und sich früher oder später ringförmig am Boden des Topfes sammeln. Stofftöpfe dagegen sind luftdurchlässig. Hier wachsen die Wurzeln nach außen, stoßen an die Luft, werden dadurch gestoppt und gleichzeitig zur Verzweigung angeregt.

So entfallen typische Probleme wie Ringwurzelbildung automatisch. Zudem gelangt mehr Sauerstoff an die Wurzeln, weil das Material der Stofftöpfe luftdurchlässig ist. Das fördert die Nährstoffaufnahme und sorgt gleichzeitig für eine gleichmäßigere Feuchtigkeitsverteilung im Substrat, weil Wasser nicht nur an wenigen Stellen abfließt. Staunässe wird so vermieden. Auch bei hohen Temperaturen punkten Stofftöpfe: Sie sorgen dafür, dass die Wurzeln kühler als in klassischen Plastik- oder Tontöpfen bleiben.

All diese Vorteile können letztlich zu einer kräftigeren, vitaleren Pflanze mit dichterem Wurzelwachstum und besserer Nährstoffversorgung führen.

Gibt es Nachteile?

Natürlich gibt es auch ein paar Dinge, die du bedenken musst. Stofftöpfe trocknen schneller aus, was bedeutet, dass du regelmäßiger gießen solltest, damit die Wurzeln nicht austrocknen. Außerdem sind Stofftöpfe nicht so formstabil wie Plastiktöpfe. Wenn du sie bewegst, kann die Erde leicht verrutschen. Trotzdem sind die Vorteile so groß, dass Stofftöpfe meiner Meinung nach eine der besten Investitionen für den Anbau sind. Besonders für Anfänger, die gesunde und starke Pflanzen haben möchten, ohne sich groß um Wurzelprobleme kümmern zu müssen, sind Stofftöpfe absolut empfehlenswert.

Praktische Anleitung: Wie du deine Pflanzen durch Air-Pruning zu kräftigerem Wachstum bringst

Jetzt geht's ans Eingemachte: Wie kannst du Air-Pruning konkret in deinem Anbau nutzen? Hier kommt eine einfache Schritt-für-Schritt-Anleitung für maximale Wurzelpower:

Schritt 1: Den richtigen Stofftopf auswählen

Für kleine Pflanzen empfiehlt sich ein Topf mit einem Volumen von 5 Litern, für größere Pflanzen sollten es eher 10 bis 15 Liter sein. Auch 20 Liter sind eine super Größe. Am besten verwendest du hochwertige Stofftöpfe mit verstärkten Nähten und guter Luftdurchlässigkeit.

Schritt 2: Das richtige Substrat nutzen

Damit deine Pflanze die Vorteile von Air-Pruning optimal nutzen kann, empfehle ich ein Substrat, das genug Wasser binden kann, aber gleichzeitig auch nicht zu durchlässig ist. Schwerere Gartenerden, zum Beispiel Living-Soil-Produkte, sind gerade hier für den organischen Anbau perfekt geeignet. Bei mineralischem Anbau sollte nicht zu viel Perlit vorhanden sein, da der Topf ja bereits eine viel größere Luftdurchlässigkeit gewährleistet.

Schritt 3: Pflanze einsetzen und gießen

Setze deine Pflanze vorsichtig in den Stofftopf und drücke die Erde vor allem im Bereich der Topfwand gut an, da sonst auf Dauer Luftkammern entstehen können. Direkt danach solltest du die Erde leicht angießen. In den ersten Tagen kontrollierst du regelmäßig das Gewicht des Topfes: Wenn er sich leicht anfühlt, braucht die Pflanze Wasser.

Schritt 4: Düngung anpassen

Je nach Größe und Alter der Pflanze kann es im Stofftopf aufgrund der größeren Wurzelmasse dazu kommen, dass deine Pflanze hungriger wird als bei einem herkömmlichen Topf. Mehr Wurzeln bedeuten meist auch mehr Wachstum – und mehr Wachstum bedeutet größeres „Verlangen" nach Nährstoffen.

Hier noch mal die wichtigsten Vorteile von Air-Pruning im Überblick:

- Air-Pruning sorgt für dichtere und gesündere Wurzeln, was wiederum die Nährstoffaufnahme verbessert.

Der Stofftopf sorgt für dichtere und gesündere Wurzeln, mehr Sauerstoff und weniger Staunässe.

- Die Wurzeln verzweigen sich gleichmäßig im gesamten Topf, anstatt spiralförmige Ringwurzeln am Topfboden zu bilden.
- Die Pflanze bekommt mehr Sauerstoff und es entsteht weniger Staunässe, was sie robuster und widerstandsfähiger macht.
- Vor allem für Anfänger ist Air-Pruning perfekt, weil man weniger Risiko hat, die Pflanze zu überwässern und dadurch eine zu starke Sauerstoffverdrängung zu haben.
- Der Stofftopf lässt das Wurzelsystem einfach besser „atmen".

Egal, ob du auf dem Balkon, im Garten oder indoor anbaust, probiere es aus! Air-Pruning ist eine der einfachsten Methoden, um mit minimalem Aufwand eine verbesserte Ernte zu erzielen.

pH-Wert: Der geheime Boss im Boden

Wenn deine Pflanze trotz Düngung nicht richtig wächst, lohnt es sich, den pH-Wert der Erde zu überprüfen. Der pH-Wert entscheidet nämlich darüber, ob die Wurzeln überhaupt in der Lage sind, Nährstoffe

Hydrokultur-Jungpflanze mit Wurzeln, bei der nicht alles perfekt verlief.

aus dem Boden aufzunehmen. Selbst wenn alle Nährstoffe vorhanden sind, können sie für die Pflanze unbrauchbar bleiben, wenn der pH-Wert nicht im optimalen Bereich liegt.

Der ideale Bereich für Erde liegt bei einem pH-Wert zwischen 6,0 und 6,8 – also leicht sauer. Bei der hydroponischen Anbaumethode, wie beim DWC-Grow (Deep-Water-Culture-Grow), liegt der Bereich eher bei ca. 5,5.

Hydrogrow im 15-Liter-System. Hierbei handelt es sich um ein komplettes DWC-System von *Bonorum*, das sogar in Deutschland produziert wurde.

Wir beziehen uns hier zunächst auf den klassischen Anbau in der Erde. Also, was kann passieren, wenn die Erde einen pH-Wert aufweist, der sich jenseits des korrekten pH-Werts befindet? Die Pflanze wächst langsamer oder stellt das Wachstum sogar komplett ein. Sie kann dabei ganz unterschiedliche Mangelerscheinungen zeigen. Mangelerscheinung? Ja! Du kannst deine Pflanze zwar mit einer optimalen Nährstoffpalette versorgen, wenn aber das Milieu in der Erde nicht stimmt – also der pH-Wert völlig abgedriftet ist –, dann können die Nährstoffe nicht aufgenommen werden. Deshalb ist bei Mangelerscheinungen nicht immer die richtige Lösung, einfach Dünger nachzukippen.

Was solltest du also tun? Die Antwort besteht darin, den pH-Wert regelmäßig zu testen und gegebenenfalls anzupassen. Dafür kannst du ein pH-Messgerät oder Teststreifen verwenden. Ist der pH-Wert zu sauer, hilft es, Dolomitkalk oder Holzasche leicht einzuarbeiten. Ist der pH-Wert zu alkalisch, kannst du mit Torf, Kaffeesatz oder verdünntem Essigwasser gegensteuern. Auch beim Gießen solltest du darauf achten, den pH-Wert des Wassers im Blick zu behalten. Falls nötig, kannst du diesen mit *pH-Down* oder *pH-Up* regulieren.

Fazit: Wenn deine Pflanze trotz regelmäßiger Düngergabe Mangelerscheinungen zeigt, kontrolliere zuerst den pH-Wert, bevor du die Düngermenge erhöhst.

Noch mehr zum Thema pH-Wert findest du in diesem Video:

Düngerwahl: Welche Produkte Anfänger lieber vermeiden sollten

Der Markt bietet eine riesige Auswahl an Düngern. Doch nicht alle Produkte sind für Einsteiger geeignet. Manche sind unnötig kompliziert, andere viel zu hoch dosiert. Wer gerade erst beginnt, sollte sich deshalb auf einfache, verlässliche Produkte konzentrieren.

Auf dem Markt findest du Tausende verschiedene Produkte im Bereich Dünger oder Booster. Die Preisspanne geht hier auch komplett auseinander – von ganz billig bis hin zu sehr teuer. Natürlich spielen das Marketing und die Firmengröße eine entscheidende Rolle, auf welches Produkt du aufmerksam gemacht wirst. Die Unterschiede der Qualität der Produkte sind aber marginal, oder? Na ja, nicht ganz. Einige Firmen da draußen setzen viel Geld in die Wissenschaft und in die Verbesserung ihrer Produkte. Die Annahme, dass Dünger doch eh alle gleich sind, ist schlichtweg falsch.

Im Bereich der mineralischen Dünger, Zusätze und Booster sollte man einfach darauf achten, dass die Angaben auf den Flaschen passend sind. Große Versprechen, wie „Sofort fünfmal mehr Wurzeln" oder „Blütenexplosion in einer Woche" sind fragwürdig und passen mit Sicherheit nicht zu den Richtlinien der europäischen Düngerverordnung. Aber auch hier ist am Ende natürlich wichtig, seine eigene Erfahrung zu machen. Nicht jeder günstige Dünger ist per se schlecht und nicht jeder teure sofort gut.

Aber es muss ja nicht unbedingt ein organischer oder mineralischer Flüssigdünger aus der Flasche sein. Deinen eigenen Dünger oder Booster bekommst du ja – wie wir bereits gelernt haben – zum Beispiel auch aus Wurmhumus, Komposttee oder Guano. Auch Langzeitdünger, wie Kompost oder Bokashi, sind ideal, da sie die Pflanzen langsam und gleichmäßig versorgen.

Schädlinge & Krankheiten – So verteidigst du deine Pflanzen

Story: Die Ameisen-Architekten

Eines Tages wunderte ich mich, warum meine Pflanze plötzlich Schieflage hatte, als hätte sie zu viel von ihrem eigenen Harz genascht. Ich drückte leicht gegen den Stamm und zack – die Erde sackte gute fünf Zentimeter tief ein. Eine Ameisenkolonie hatte unter der Oberfläche eine komplette Metropole inklusive Tiefgarage gebaut. Die Wurzeln hingen buchstäblich in der Luft! Ich musste die „Mieter" freundlich, aber bestimmt zum Auszug bewegen (mit viel Wasser und Umtopfen). Lektion gelernt: Wenn der Boden lebt, ist das gut. Wenn er weg ist, hast du Untermieter.

Ganz ehrlich, es gibt kaum etwas Ärgerlicheres, als wenn eine perfekt gewachsene Pflanze plötzlich von kleinen schwarzen Fliegen belagert wird oder ihre Blätter mit einem weißen Belag überzogen sind. Schädlinge und Krankheiten können jede Pflanze in kurzer Zeit ruinieren. Wenn du dann nicht rechtzeitig handelst, ist der Schaden oft nicht mehr rückgängig zu machen. Trotzdem brauchst du nicht direkt in Panik zu verfallen. Wenn du weißt, worauf du achten musst, kannst du viele Probleme frühzeitig erkennen, bevor es wirklich ernst wird. Gelbe oder verformte Blätter, kleine Punkte auf den Blättern, ein feiner weißer Schleier oder winzige Krabbeltiere – all das sind Warnzeichen, bei denen du genauer hinschauen solltest. Doch keine Sorge: Chemie aus dem Baumarkt ist meist gar nicht nötig. In diesem Kapitel zeige ich dir, wie du mit natürlichen Mitteln und einfachen Tricks Schädlinge und Krankheiten in den Griff bekommst, bevor sie deinen Pflanzen schaden.

Das Beste dabei: Viele Probleme lassen sich von vornherein vermeiden. Gesunder Anbau heißt nicht nur, regelmäßig zu gießen und zu düngen, sondern auch für die richtigen Bedingungen zu sorgen. Dazu gehören gute Luftzirkulation, eine moderate Luftfeuchtigkeit und eine stabile Umgebungstemperatur. Wenn diese Faktoren stimmen, haben Schädlinge und Pilze es deutlich schwerer, sich überhaupt anzusiedeln. Und bevor wir ins Detail gehen, noch ein kleiner Hinweis: Mit ein paar gezielten Maßnahmen machst du deine Pflanzen nicht nur weniger anfällig für Schädlinge, sondern sogar robuster und widerstandsfähiger. Also los – schauen wir uns an, wie du deine grünen Schätze fit hältst und Probleme frühzeitig erkennst!

Überprüfe deine Pflanze regelmäßig auf Nährstoffmangel und Schädlingsbefall. Besonders outdoor ist eine regelmäßige Kontrolle wichtig, um ungebetenen Gästen keine Chance zu geben.

Ungebetene Gäste: Schädlinge erkennen & bekämpfen

Trauermücken – Kleine schwarze Fliegen, große Gefahr

Ganz egal, ob du Zimmerpflanzen hältst, deine Tomaten für den Garten vorziehst oder eine Cannabispflanze kultivieren möchtest: Trauermücken zählen zu den nervigsten Schädlingen für Pflanzenbesitzer. Auf den ersten Blick wirken sie harmlos, denn es sind nur winzige schwarze Fliegen, die ziellos um deine Töpfe herumschwirren. Der eigentliche Schaden passiert aber unsichtbar, unter der Erde: Die Larven der Trauermücke machen sich an den Wurzeln zu schaffen, fressen diese an und verursachen dadurch Wachstumsprobleme bis hin zum Absterben der Pflanze. Besonders junge Pflanzen mit feinen Wurzeln sind hier stark gefährdet.

Ursachen eines Befalls

Trauermücken kommen auf ganz unterschiedliche Weise in den Topf deiner Pflanze. Manchmal befinden sich bereits Larven in der Erde, die du dir zum Beispiel im Baumarkt gekauft hast. Manchmal kommt der Befall daher, dass du deine Pflanze vielleicht mal draußen hingestellt hast, damit sie die Sonne knutschen darf. Trauermücken sind in der Natur und besonders an feuchten Tagen millionenfach vertreten. Hin und wieder fliegt eine Trauermücke auch einfach mal durchs Fenster. Von feuchter Erde werden sie dann wie ein Magnet angezogen, krabbeln in den Topf und legen dort ihre Eier ab. Dauerhaft feuchte Erde ist der perfekte Raum für einen Trauermückenbefall.

Wie erkennst du einen Befall?

Ein paar Fliegen, die um deine Pflanzen kreisen, sind noch kein Grund zur Panik. Wenn es aber plötzlich mehr werden, solltest du genauer hinsehen. Einen Trauermückenbefall erkennst du daran, dass das Wachstum der Pflanze langsamer wird oder komplett stockt. Neue Blätter bleiben klein oder wirken kraftlos. Außerdem sitzen die schwarzen Fliegen oft direkt auf der Erdoberfläche oder fliegen beim Gießen in Schwärmen auf. Wenn die Blätter der Pflanze anfangen zu vertrocknen oder gelb zu werden, können die Wurzeln bereits geschädigt sein und nicht mehr ausreichend Wasser und Nährstoffe aufnehmen.

So wirst du die Plage wieder los

Wenn du Trauermücken wirklich loswerden möchtest, brauchst du einen Plan. Der erste Schritt ist immer: Vorbeugen. Halte die Erde nicht zu nass, denn die Larven brauchen Feuchtigkeit, um sich zu entwickeln. Lass also die oberste Erdschicht zwischen den Wassergaben immer etwas antrocknen. Eine dünne Schicht Sand oder mineralisches Substrat auf der Erde kann ebenfalls helfen, weil sie verhindert, dass die erwachsenen Fliegen durch die Schicht durchkommen und ihre Eier ablegen. Und achte darauf, von Anfang an gesunde Erde zu verwenden, denn minderwertige oder bereits feuchte und falsch gelagerte Erde aus dem Gartencenter ist oft schon verseucht.

Bei einem leichten Befall helfen einfache Sofortmaßnahmen: Stell **Gelbtafeln** auf. Diese klebrigen Karten ziehen die erwachsenen Fliegen magisch an und helfen, die Population zu reduzieren. Auch **Raubmilben** – speziell *Hypoaspis miles* – sind eine natürliche Lösung. Diese Milben ernähren sich von den Larven in der Erde. Du brauchst sie einfach nur auf die Erde zu setzen, den Rest erledigen sie von allein. Die günstigere Variante sind sogenannte **SF-Nematoden**. Das sind ebenfalls kleine Nützlinge, die du in Pulverform bekommst. Es handelt sich dabei um mikroskopisch kleine Fadenwürmchen. Gib sie einfach auf einen Teelöffel und rühre sie in dein Gießwasser. Damit würde ich dann all deine Pflanzen gießen. So kannst du sicher sein, dass die Plage nicht in einen anderem Topf ausbricht und du das Ganze wieder von vorn beginnen musst. Wie man die genau anwendet, habe ich auch schon mehrfach im Detail auf meinem YouTube-Kanal gezeigt.

Wenn die Plage jedoch schon überhandgenommen hat und die SF-Nematoden nach 2–3 Wochen noch nicht den großen Erfolg ge-

Gelbtafeln mit Trauermücken – der perfekte Indikator für einen Trauermückenbefall und eine praktische Sofortmaßnahme.

bracht haben, dann brauchst du stärkere Mittel. **Neemöl** ist ein natürlicher Wirkstoff, den du ebenfalls mit deinem Gießwasser mischst und dann einfach in deinen Topf kippst. Die Pflanze nimmt es systemisch auf, und das Öl wirkt dabei sogar von innen heraus. Aber viel wichtiger ist, dass das Neemöl für die allermeisten Mikroorganismen tödlich ist. Eine oder zwei Anwendungen reichen im Regelfall aus. Aber bedenke, dass dieses Nervengift auch guten Organismen schadet.

Mit diesen Methoden bekommst du Trauermücken schnell und nachhaltig in den Griff. Und denk immer daran: Vorbeugen ist einfacher als später bekämpfen! Wenn du die Erde luftig und trocken hältst, kommen die kleinen Biester gar nicht erst auf die Idee, sich bei dir niederzulassen.

Noch wichtig zu erwähnen ist, dass im Indoor-Bereich so eine Plage definitiv einfacher zu vermeiden ist als draußen. Falls du Indoor-Grower bist, sind deine Pflanzen im Growzelt natürlich bestens geschützt. Sorge nur dafür, dass es keine Einflugschneisen für die Tierchen gibt.

Mein Indoor-Setting. Mit dem Grow-Set der Firma *Vivosun* bin ich sehr glücklich – und meine Pflanzen sind bestens geschützt.

Alles rund um das Thema Trauermücken habe ich dir auch in diesem Video zusammengefasst. Schau vorbei:

Blattläuse – Die lästigen Pflanzensauger

Blattläuse zählen zu den bekanntesten und lästigsten Schädlingen im Pflanzenreich. Sie sind klein, vermehren sich schnell und können innerhalb kürzester Zeit zu einer echten Plage werden. Wenn du nicht rechtzeitig eingreifst, leidet deine Pflanze spürbar. Einen Befall erkennst du daran, dass sich kleine grüne, schwarze, gelbe oder rötliche Insekten in Gruppen auf den Blattunterseiten oder an frischen Trieben sammeln. Oft kräuseln sich die Blätter, rollen sich ein oder bleiben im Wachstum zurück. Bei einem starken Befall wirkt die Pflanze kraftlos, wächst langsamer und ihre Blätter werden klebrig, da Blattläuse eine zuckerhaltige Flüssigkeit – Honigtau – ausscheiden. Dieser zieht häufig Ameisen an, die die Läuse beschützen und so verhindern, dass natürliche Feinde wie Marienkäfer oder Florfliegenlarven eingreifen können.

Wenn du Blattläuse wieder loswerden möchtest, gibt es mehrere Möglichkeiten. Im Outdoor-Bereich ist es am einfachsten, natürliche Feinde zu fördern. **Marienkäfer oder Florfliegen** gehören zu den effektivsten Gegenspielern der Blattlaus. Wenn sie in deinem Garten oder auf dem Balkon auftauchen, sammelst oder pustest du die Blattläuse aus den Pflanzen heraus und übernimmst am besten einfach die Beobachterrolle, denn die Nützlinge kümmern sich um das Problem von selbst. Solltest du nachhelfen wollen, kannst du auch gezielt Marienkäfer- oder Florfliegenlarven im Fachhandel kaufen und aussetzen.

Bei einem leichten Befall helfen einfache Sofortmaßnahmen. Oft reicht es schon, die Pflanze kräftig mit Wasser abzubrausen, um die Läuse von den Blättern zu spülen. Oder – wie eben schon erwähnt – einfach mit den Fingern die Blattläuse nach und nach von der Pflanze zupfen oder fest herunterpusten. Auch **Neemöl** hat sich bewährt: Mische damit eine verdünnte Lösung an und besprühe die betroffenen Stellen. Alternativ kannst du einen **Knoblauchsud** ansetzen, indem du eine Knoblauchzehe zerdrückst, mit heißem Wasser übergießt, abkühlen lässt und die Pflanze damit einsprühst – der Geruch hält die Läuse fern. Eine weitere Möglichkeit ist eine Mischung aus Wasser und milder Schmierseife, die eine Schutzschicht auf den Blättern bildet und die Läuse erstickt.

Indoor-Grow im Gartenhäuschen. Spinnen und andere Insekten haben hier bereits Zuflucht gefunden.

Wenn der Befall bereits stärker ausgeprägt ist, reicht das Abspritzen allein meist nicht mehr aus. In diesem Fall solltest du befallene Triebe oder Blätter entfernen, um eine weitere Ausbreitung zu verhindern. Auch das Isolieren der betroffenen Pflanze ist wichtig, besonders wenn du mehrere Pflanzen hast. Um auf Nummer sicher zu gehen, empfiehlt es sich, verschiedene Methoden gleichzeitig einzusetzen und die Behandlungen regelmäßig zu wiederholen. Mit etwas Geduld und Aufmerksamkeit bekommst du Blattläuse damit zuverlässig in den Griff. Grundsätzlich gilt: Eine gesunde, kräftige Pflanze ist immer widerstandsfähiger gegen Schädlingsbefall. Achte also auf optimale Bedingungen, damit die kleinen Sauger gar nicht erst zuschlagen.

Spinnmilben – Die unsichtbare Bedrohung

Spinnmilben zählen zu den heimtückischsten Schädlingen, weil sie oft lange unbemerkt bleiben. Mit bloßem Auge sind sie anfangs kaum zu erkennen, aber sie vermehren sich rasant – vor allem in trockener Luft. Wer sie erst bemerkt, wenn die Pflanze bereits sichtbar leidet, hat oft ein größeres Problem. Deshalb solltest du frühzeitig auf typische Anzeichen achten. Ein Befall zeigt sich durch feine, fast unsichtbare Gespinste, die meist zwischen den Blattachseln oder auf der Blattunterseite zu finden sind. Außerdem entstehen gelbliche oder silbrige Flecken, weil die Spinnmilben den Blattsaft aussaugen. Mit fortschreitendem Befall verlieren die Blätter ihre Kraft, vertrocknen und fallen schließlich ab.

Um Spinnmilben zu bekämpfen, gibt es mehrere wirksame Ansätze. Der einfachste Trick ist, die Luftfeuchtigkeit zu erhöhen. Spinnmilben lieben trockene Bedingungen, also solltest du die Umgebung deiner Pflanzen feuchter gestalten. Das ist aber natürlich nicht immer so einfach, und gerade bei der Entwicklung deiner Cannabispflanze spielt die Luftfeuchtigkeit ja eine entscheidende Rolle. Deshalb gebe ich dir jetzt noch andere Möglichkeiten, die Biester loszuwerden.

Als natürliche Bekämpfungsmethode hat sich auch hier **Neemöl** bewährt. Du mischst fünf bis zehn Milliliter Neemöl mit einem Tropfen

Spülmittel und einem Liter Wasser. Diese Mischung wird gründlich auf die Pflanze aufgetragen – vergiss dabei vor allem die Blattunterseiten nicht! Wiederhole die Behandlung alle drei bis fünf Tage, bis keine neuen Gespinste mehr zu sehen sind. Im Vorfeld ist es natürlich wichtig, dass du die Blätter schon mal von den Gespinsten reinigst. Neemöl gibt es übrigens auch schon fertig emulgiert – so kann es sofort angewendet und auf die Pflanze gesprüht werden. Aber Achtung: In der Blütephase würde ich Neemöl nicht mehr empfehlen, da es Rückstände an den Blüten hinterlassen kann und dadurch das Aroma deiner Ernte verfälscht. Im schlimmsten Fall wird diese sogar ungenießbar.

Wenn du eine nachhaltige Lösung suchst, kannst du auch **Raubmilben** einsetzen. Die Art *Phytoseiulus persimilis* frisst Spinnmilben gezielt auf und sorgt dafür, dass die Population eingedämmt wird. Praktisch dabei: Sobald die Raubmilben keine Nahrung mehr finden, sterben sie von selbst ab und richten keinen weiteren Schaden an. Befindet sich deine Pflanze aber in der fortgeschrittenen Blütephase, wird es für die Nützlinge schwierig, noch effizient zu arbeiten, da die Blüten und Blätter mit der Zeit immer harziger werden und die Bewegung der Nützlinge dadurch stark eingeschränkt wird. Eine Anwendung mit Raubmilben ist nur dann sinnvoll, wenn die Population der Spinnmilben noch nicht zu groß ist.

Bei starkem Befall sind ergänzende Notfallmaßnahmen wichtig. Entferne und entsorge betroffene Blätter direkt, um eine weitere Verbreitung zu verhindern. Auch hier gilt: Isoliere betroffene Pflanzen von gesunden, damit sich die Milben nicht weiter ausbreiten. Falls Neemöl oder Raubmilben allein nicht ausreichen, kannst du beide Methoden kombinieren.

Mit diesen Maßnahmen bekommst du Spinnmilben langfristig unter Kontrolle. Am wichtigsten ist es aber, einem Befall vorzubeugen: Achte auf eine gesunde Luftfeuchtigkeit und eine stabile Umgebung für deine Pflanzen. So haben Spinnmilben kaum eine Chance, sich überhaupt auszubreiten. Ist der Befall zu groß und deine Pflanze befindet sich schon im fortgeschrittenen Stadium der Blüte, dann wird es sowieso sehr schwierig. Je früher du es erkennst, umso besser.

Spinnmilden sind zwischen den Blattachseln oder auf der Blattunterseite zu finden.

Schimmel & Pilze: Die lautlosen Killer

Mehltau – Der weiße Belag, der deine Pflanzen killt

Mehltau gehört zu den bekanntesten und gefürchtetsten Pilzerkrankungen beim Cannabisanbau. Wer ihn nicht rechtzeitig bemerkt, erlebt oft, wie sich ein anfänglich kleiner weißer Tupfer rasant ausbreitet, bis die Pflanze geschwächt und kaum noch zu retten ist. Nach und nach zieht sich dieser Pilz dann breitflächig über das ganze Blatt, befällt andere Blätter der Pflanze und sogar die Stiele. Die Ausbreitung auf benachbarte Pflanzen ist da schon fast vorprogrammiert. Die gute Nachricht: Mit den richtigen Maßnahmen lässt sich Mehltau nicht nur bekämpfen, sondern auch das Risiko einer Infektion dauerhaft minimieren.

Unterschied zwischen echtem und falschem Mehltau

Wichtig zu wissen: Nicht alle weißen Flecken auf Blättern sind auf denselben Pilz zurückzuführen. Es gibt im Grunde zwei Arten von Mehltau, die sich in ihrer Entstehung und ihrem Verhalten unterscheiden. **Echter Mehltau** zeigt sich durch einen mehligen, weißen Belag auf der Oberseite der Blätter. Wenn man den Belag mit dem Finger wegwischen kann, ist das ein Indiz für echten Mehltau. Das Wegwischen allein ist aber keine dauerhafte Lösung für die Beseitigung von diesem Pilz, dazu aber gleich mehr. Der echte Mehltau tritt vornehmlich dann auf, wenn es über einen längeren Zeitraum zu feucht ist. Manche Pflanzen sind da anfälliger, andere resistenter. Gerade Genetiken, die aus tropischeren Regionen stammen, kommen mit hoher Luftfeuchtigkeit wesentlich besser klar.

Falscher Mehltau bildet seinen Belag eher auf der Blattunterseite, während sich auf der Oberseite braune Flecken zeigen. Der falsche Mehltau entsteht eher bei kühleren Temperaturen, wohingegen sich der echte Mehltau bei milderen Temperaturen entwickelt. Beide Pilzarten sind gefährlich für deine Pflanzen und können sie bei starkem Befall komplett ruinieren. Frühzeitiges Handeln ist also entscheidend!

Warum tritt Mehltau auf?

Mehltau entsteht nicht einfach zufällig. Mehltau liebt bestimmte Bedingungen, die du kennen und möglichst vermeiden solltest. Typische Ursachen für einen Befall sind hohe Luftfeuchtigkeit, schlechte Belüftung, wenig Sonnenlicht und falsche Bewässerung. Vor allem bei hoher Luftfeuchtigkeit kann sich Mehltau rasend schnell entwickeln, da feuchte Blätter und stehende Luft ein ideales Mikroklima für Pilzsporen bieten. Auch wenn Pflanzen zu eng stehen oder in einem Raum ohne ausreichende Luftzirkulation wachsen, begünstigt das den Befall. Ein weiteres Risiko besteht, wenn die Pflege und dadurch die Gesundheit deiner Pflanzen mangelhaft sind – all das schwächt die Abwehrkräfte und macht sie anfälliger für jegliche Arten von Erkrankungen.

Stell sicher, dass Temperatur und Luftfeuchtigkeit passen. Außerhalb der Growbox kann alles gut sein, aber wie sieht es in der Growbox aus?

Effektive Bekämpfung: So wirst du Mehltau los

Wenn Mehltau bereits da ist, heißt das: schnell und konsequent handeln. Als natürliche und biologische Waffe gegen Mehltau eignet sich auch hier – wer hätte es gedacht – **Neemöl**. Eine Neemöl-Lösung mit Wasser und Spülmittel oder fertige Sets aus Neemöl und Emulgator haben sich bei zahlreichen Schädlingen und Krankheiten bewährt. Auch hier gilt: regelmäßig wiederholen, großzügig auftragen und vorher immer gut durchmischen, da sich das Öl sonst absetzt. Wichtig ist nur, dass du dich an das Mischverhältnis hältst. Oft sind bei fertigen Mischungen auch ein Dosierbecher und eine Sprühflasche dabei. Eine solche Neemöl-Mischung kannst du, wie die gleich folgenden Methoden, auch prophylaktisch sprühen. Das bietet deiner Pflanze doppelten Schutz – vor einer Infektion und vor Schädlingen. Da es besonders wichtig ist, erwähne ich es hier noch einmal: Sprühe das Neemöl in der fortgeschrittenen Blütephase besser nicht mehr auf die Pflanze, da es sich auf die Qualität der Ernte auswirken kann!

Gegen Mehltau kann ein weiteres Gemisch aus Rohmilch und Wasser ebenfalls gute Dienste erweisen. Auch ein Schachtelhalmgemisch ist eine gute Möglichkeit, gegen den Pilz vorzugehen.

Zusätzlich zum Einsatz von Neemöl oder den anderen Gemischen solltest du weitere Maßnahmen ergreifen, um den Pilz nachhaltig loszuwerden. Dazu gehört in erster Linie, befallene Blätter sofort zu entfernen und zu entsorgen, damit sich die Sporen nicht weiterverbreiten können. Pass beim Entfernen der Blätter aber unbedingt auf! Wenn du ein befallenes Blatt zu schnell entfernst, fliegen die Sporen davon sonst direkt auf die nächsten Blätter.

Außerdem ist es wichtig, die Pflanzen bei zu viel Blattmasse zu entlauben und ihnen genügend Platz zu lassen, sodass sich keine Feuchtigkeit zwischen ihnen staut. Besonders bei Indoor-Pflanzen lohnt es sich, die Luftfeuchtigkeit im Blick zu behalten und bei Bedarf mit einem Ventilator für bessere Luftzirkulation zu sorgen. Auch beim Gießen solltest du vorsichtig sein: Mehltau liebt feuchte Blätter, deshalb solltest du Wasser gezielt an die Wurzeln geben und vermeiden, die Blätter unnötig nass zu machen.

Fazit: Schnell handeln, langfristig vorbeugen

Mehltau ist keine Kleinigkeit; in manchen Fällen kriegt man ihn auch nicht mehr weg und er begleitet einen auch öfter. Besonders wichtig ist daher die Wahl der passenden Genetik – gerade für den Outdoor-Anbau und bei deutschen Wetterverhältnissen. Ansonsten gilt: Wer ihn frühzeitig erkennt und konsequent bekämpft, kann seine Pflanzen retten und langfristig schützen. Neemöl ist dabei eine umfassende und wirksame Hilfe, doch auch die richtige Pflanzenpflege – mit Belüftung, vernünftiger Bewässerung und ausreichend Platz zwischen den Pflanzen – spielt eine entscheidende Rolle. So sorgst du dafür, dass deine Pflanzen auch in Zukunft gesund und widerstandsfähig bleiben.

Abgeschnittene Blätter einer farnartigen Cannabispflanze. Um gegen Mehltau vorzubeugen, ist es wichtig, die Pflanze regelmäßig zu beschneiden.

Neemöl als Mittel gegen Schädlinge und Mehltau – in diesem Video zeige ich dir, wie du das Zeug nutzt:

Schimmel – Die stille Gefahr für deine Pflanzen

Schimmel gehört zu den unsichtbarsten, aber gefährlichsten Bedrohungen für deine Ernte. Während Schädlinge meist schnell auffallen, bleibt Schimmel oft so lange unbemerkt, bis der Schaden kaum noch

Hier siehst du Schimmel, genauer gesagt Blütenfäule: Die Blüten sind ein Fall für die Biotonne.

rückgängig zu machen ist. Gerade in feuchten, schlecht belüfteten Umgebungen breitet er sich rasend schnell aus. Wenn du jedoch rechtzeitig handelst und ein paar grundlegende Regeln beachtest, lässt sich Schimmel nicht nur bekämpfen, sondern auch zuverlässig vermeiden.

Wie Schimmel entsteht

Schimmel fühlt sich überall dort wohl, wo Feuchtigkeit auf mangelnde Luftzirkulation trifft, gefolgt von der Wohlfühltemperatur des Schimmelpilzes. Besonders häufig entsteht er bei zu hoher Luftfeuchtigkeit. Wenn etwa in geschlossenen Räumen oder an heißen Tagen zu wenig Luftbewegung herrscht, bildet sich schnell ein feuchtes Mikroklima. Auch stehende Luft fördert das Wachstum von Pilzsporen: Sie setzen sich auf Blättern, Stängeln, in der Erde oder eben leider auch in den Blüten fest und beginnen, ihr Chaos anzurichten. Wenn Pflanzen zu eng stehen, trocknen Blätter und natürlich auch die Blüten langsamer ab, was das Risiko weiter erhöht. Bleibt Wasser zu lange in der Erde, weil es nicht richtig abfließen kann, entsteht Staunässe – ebenfalls ein idealer Nährboden für Schimmel und zusätzlich für Wurzelfäule.

Erste Anzeichen für Schimmelbefall

Damit Schimmel gar nicht erst zum Problem wird, lohnt es sich, deine Pflanzen regelmäßig zu kontrollieren. Typische Warnsignale sind braune oder graue Flecken auf den Blättern, besonders an den Spitzen oder überall dort, wo sich Feuchtigkeit stauen kann. Auch ein modriger, erdiger Geruch ist verdächtig und weist oft auf Schimmel in der Erde hin. Besonders eindeutig wird es, wenn sich auf der Erdoberfläche weiße oder grüne fluffige Fäden zeigen. Diese wattige Schicht bedeutet zu viel Feuchtigkeit und ist ein starker Indikator für Überwässerung kombiniert mit zu wenig Luftaustausch.

Bei Schimmel an den Blüten fällt es erst viel, viel später auf. Oft sieht man, dass die kleinen Zuckerblätter an den Buds anfangen, sich bräunlich zu verfärben. Ein kurzer Blick in die Blüte hinein zeigt dann einen grauen Pelz. Einfach mit zwei Fingern die Blüte aufbiegen und du wirst schnell feststellen können, ob es schimmelt oder nicht.

Die bräunliche Verfärbung und der graue Pelz sind sehr weit fortgeschritten und gut zu erkennen.

Schimmel bekämpfen: Sofortmaßnahmen, die helfen

Wenn du Schimmel entdeckst, solltest du direkt handeln. Zuerst entfernst du alle befallenen Pflanzenteile. Schneide betroffene Blätter, Stängel oder Wurzeln großzügig mit einer sauberen Schere ab und entsorge das Material in einem geschlossenen Müllbeutel.

Danach heißt es, für bessere Luftzirkulation zu sorgen. Stelle die Pflanzen weiter auseinander, damit die Luft zwischen ihnen zirkulieren kann. Besonders in Innenräumen oder Gewächshäusern kann ein kleiner Ventilator hilfreich sein, um die Luft in Bewegung zu bringen.

Auch bei der Erde solltest du achtsam sein: Staunasse Erde ist der perfekte Nährboden für Schimmel. Gieße deine Pflanzen lieber weniger, dafür gezielt. Prüfe, ob die Töpfe ausreichend Drainagelöcher besitzen, damit überschüssiges Wasser abfließen kann. Wenn sich bereits Schimmel auf der Erdoberfläche zeigt, kannst du die oberste Erdschicht vorsichtig abtragen und durch frische, trockene Erde ersetzen. Meistens reicht es aber auch schon aus, wenn du für etwas mehr Umluft sorgst und die Staunässe vermeidest.

Schimmel unter dem Mikroskop.

Fazit

Schimmel kann Pflanzen nicht nur schwächen, sondern im schlimmsten Fall komplett zerstören. Da du ja mit hoher Wahrscheinlichkeit deine Ernte am Ende auch konsumieren möchtest, ist Schimmel da sowieso etwas, was du nicht haben möchtest. Das schimmelige Brot schmeißt du ja schließlich auch weg, oder? Deshalb gilt wie immer: Vorbeugen ist der beste Schutz. Mit kontrollierter Luftfeuchtigkeit, guter Luftzirkulation und bedachter Bewässerung hältst du deine Pflanzen gesund und schützt sie vor einem Befall. Und wenn es doch passiert – ruhig bleiben, Maßnahmen umsetzen und die Pflanze hat gute Chancen, sich wieder zu erholen.

Rund um das Thema Schimmel findest du hier noch ein YouTube-Video von mir:

Vorbeugen statt heulen: Pflanzenschutz leicht gemacht

Wer schon einmal mit Schädlingen oder Krankheiten an seinen Pflanzen zu tun hatte, weiß: Das Entfernen ist oft ein echter Kraftakt. Selbst wenn du das Problem am Ende in den Griff bekommst, haben die Pflanzen – je nachdem, wie stark der Befall war – meist deutlich darunter gelitten. Genau darum ist Vorbeugung so wichtig: Gesunde Pflanzen sind von Natur aus widerstandsfähiger gegen Schädlinge, Pilzkrankheiten und andere Probleme. Wer die richtigen Dinge beachtet, spart sich nicht nur viel Ärger, sondern auch Geld für entsprechende Gegenmaßnahmen.

Grundsätzlich gilt: Eine starke Pflanze kann sich selbst gegen Angriffe wehren. Sie erholt sich schneller von kleinen Schäden und bietet Schädlingen wenig Angriffsfläche. Schwache Pflanzen hingegen werden zum Schlaraffenland für Blattläuse, Spinnmilben und andere Plagegeister. Besonders wichtig für eine gesunde Pflanze sind drei Faktoren: eine ausgewogene Nährstoffversorgung, eine optimale Luftzirkulation und ein durchdachtes Feuchtigkeitsmanagement. Nur wenn alle drei Punkte stimmen, bleibt die Pflanze kräftig und weniger anfällig.

Die wichtigsten Maßnahmen zur Vorbeugung

Damit es gar nicht erst zu Problemen kommt, gibt es ein paar einfache, aber wirkungsvolle Schritte:

Erstens: Achte vor allem beim organischen Grow auf hochwertige Erde. Viele Probleme fangen schon mit dem falschen Substrat an. Billige Erde aus dem Baumarkt ist oft mit Trauermückenlarven oder Pilzsporen belastet. Aber auch bei hochwertigen Living-Soil-Erden kann es dazu kommen. Diese sind aber in Kombination mit den oben angesprochenen Maßnahmen kein Problem mehr.

Zweitens: Kontrolliere deine Pflanzen regelmäßig. Schädlinge kündigen sich meist nicht mit einem Großangriff an, sondern schleichen sich langsam ein. Deshalb lohnt es sich, Blätter und Stängel immer wieder genau anzusehen, auch die Unterseiten. Wenn du etwas Verdächtiges entdeckst, heißt es: schnell handeln. Je eher du eingreifst, desto einfacher lässt sich das Problem lösen. Auch Nützlinge wie Marienkäfer oder Raubmilben tragen dazu bei, Schädlinge von Beginn an auf natürliche Weise in Schach zu halten.

Drittens: Sorge für ausreichend Luftzirkulation. Besonders wenn Pflanzen dicht an dicht zusammenstehen, entsteht schnell feuchte, stehende Luft – der perfekte Nährboden für Pilzkrankheiten. Gerade beim Indoor-Anbau hilft ein Hygrometer, um die Luftfeuchtigkeit im Raum zu kontrollieren und im optimalen Bereich zu halten. Stelle die

Pflanzen nicht zu eng zusammen und nutze gegebenenfalls einen Ventilator. Wer im Gewächshaus oder indoor im Growzelt anbaut, sollte regelmäßig lüften, damit es zu einem Luftaustausch kommt. Dabei solltest du die Luftfeuchtigkeit und die Temperatur im Auge behalten. Denn ein ständiges Auf und Ab von 10 bis 20 % Luftfeuchtigkeit oder zu starke Temperaturschwankungen mögen unsere Cannabispflanzen nicht so gerne – und sind dadurch auch anfälliger für Mehltau und Co.

Viertens: Und wie immer gilt: Achte auf die richtige Balance bei der Feuchtigkeit im Topf. Pflanzen sollten weder in trockener noch in dauerfeuchter Erde stehen. Die Fingerprobe oder das Anheben des Topfes als regelmäßige Überprüfung der Feuchtigkeit kennst du bereits. Wichtig ist natürlich, dass überschüssiges Wasser immer abfließen kann. Also: Pflanzentöpfe mit ausreichend Abflusslöchern verwenden!

Fazit: Gesunde Pflanzen bedeuten weniger Stress für dich. Wenn du von Anfang an auf diese vier Punkte – hochwertige Erde, regelmäßige Pflanzenkontrollen, gute Luftzirkulation und eine ausgeglichene Feuchtigkeitsversorgung – achtest, kannst du viele typische Probleme von vornherein vermeiden.

Was tun, wenn alles schiefgeht?

Manchmal bringt auch die beste Pflege nichts mehr. Wenn bereits der Großteil der Pflanze befallen oder abgestorben ist, ist sie meist nicht mehr zu retten. In dem Fall lohnt es sich oft nicht, weiter Zeit und Energie zu investieren, weil die Pflanze sich nicht mehr erholen wird. Vor allem dann, wenn die Pflanze bereits in der Blüte ist, wird es schwierig. Schließlich möchte man die Blüten ja auch nicht mit irgendwelchen Spritzmitteln kontaminieren oder Nützlinge auf die Pflanze setzen – denn die bleiben dann vermehrt in den klebrigen Blüten hängen und sterben dort ab. Viel wichtiger ist, dass du frühzeitig verhinderst, dass die befallene Pflanze andere ansteckt. Auch wenn es schwerfällt – manchmal ist es sinnvoller, eine Pflanze aufzugeben und sich lieber auf die nächste Anzucht zu konzentrieren. Mit dem, was du gelernt hast, startest du dann besser vorbereitet.

Wenn deine Pflanzen wieder gesund sind und stabil wachsen, wartet der spannendste Abschnitt: die Blütephase. Im nächsten Kapitel erfährst du, worauf es jetzt ankommt, wie du die Nährstoffversorgung anpasst und dich optimal auf die Ernte vorbereitest.

Blüte & Schnitttechniken – Eine vernünftige Ernte rausholen!

Willkommen in der spannendsten Phase deines Grows: der Blütephase! Der Startschuss für die Blütephase hängt von zwei Faktoren ab: der Genetik der Pflanze und den Lichtverhältnissen. Manche Pflanzen gehen von selbst in die Blüte über, andere brauchen eine Veränderung des Lichtzyklus. Das bedeutet, dass du genau wissen musst, was für eine Sorte du eigentlich anbaust – sonst wartest du ewig und wunderst dich, warum nichts passiert.

Photoperiodische Pflanzen vs. Automatics – Der entscheidende Unterschied

- **Photoperiodische Pflanzen** sind die Klassiker unter den Cannabispflanzen. Sie brauchen einen Wechsel der Lichtstunden, um von der Wachstums- in die Blütephase zu gehen. Solange sie 18 Stunden Licht am Tag bekommen, wachsen sie weiter. Erst wenn die Lichtdauer auf 12 Stunden reduziert wird – entweder durch die natürliche Jahreszeit oder durch künstliche Steuerung bei Indoor-Grows –, merkt die Pflanze, dass es Zeit für die Blüte ist.
- **Automatics** (Autoflowering-Pflanzen) haben ein ganz anderes System. Sie blühen automatisch nach einer bestimmten Zeit, unabhängig vom Lichtzyklus. Das kann nach drei, vier oder sechs Wochen passieren, je nach Sorte. Hier gibt es keine Umstellung – sie wächst, blüht und ist irgendwann fertig, egal ob sie 18 oder 24 Stunden Licht am Tag bekommt.

Woran du erkennst, dass die Pflanze in die Blüte geht

Egal, ob du eine photoperiodische oder eine automatische Sorte hast – es gibt klare Anzeichen dafür, dass die Blüte begonnen hat. Die ersten Hinweise bekommst du in der sogenannten Vorblüte:

1. Die ersten **Härchen** erscheinen. Bei weiblichen Pflanzen siehst du an den Knotenpunkten – also dort, wo die Blätter aus dem Stamm wachsen – kleine weiße Härchen. Das sind die Vorblüten. Wenn du stattdessen kleine Kügelchen siehst, dann hast du es mit einer männlichen Pflanze oder einer zwittrigen Pflanze zu tun – diese solltest du sofort entfernen, wenn du keine Samenbildung willst.

Blütenbildung im Anfangsstadium: Die Stempel bilden sich gerade frisch aus.

Hier siehst du eine weibliche Vorblüte. Achte auf kleine, tropfenförmige Kelche an den Verzweigungen, aus denen feine, weiße Härchen (Stempel) ragen. Das ist das sicherste Anzeichen für eine weibliche Pflanze.

Eine männliche Vorblüte. Kleine, runde Pollensäcke bilden traubenartige Cluster an den Verzweigungen. Im Gegensatz zu weiblichen Blüten fehlen ihnen die weißen Härchen (Stempel).

2. Das Wachstum verändert sich. In der Blütephase wächst die Pflanze nicht mehr primär in die Höhe, sondern konzentriert sich auf die Ausbildung der Blüten. Manche Pflanzen machen noch einen **„Stretch“**, also einen Wachstumsschub, bevor sie sich voll auf die Blütenproduktion konzentrieren.

Ein Zuckerblatt voll mit Trichomen. Die Trichomenbildung startet im Regelfall früher an den Zuckerblättern als an den Blüten.

3. **Trichome** werden sichtbar. Spätestens nach einigen Wochen in der Blütephase fängt die Pflanze an, winzige, glitzernde Harzkristalle auf den Blättern und Blüten zu bilden. Das sind die Trichome, die später auch bei der Ernte eine Rolle spielen.

Warum die richtige Pflege jetzt entscheidend ist

Die Blütephase ist eine empfindliche Zeit für deine Pflanze. Fehler, die du jetzt machst, können direkten Einfluss auf die Ernte haben. Achte auf folgende Punkte:

- Nährstoffe anpassen: Während in der Wachstumsphase Stickstoff der wichtigste Nährstoff war, braucht die Pflanze in der Blüte mehr Phosphor und Kalium. Diese sorgen für starke, dichte Blüten.

Am Haupttrieb erscheinen die ersten Härchen, die Vorblüten. Sie sind ein deutliches Anzeichen für die Blütephase und nicht zu verwechseln mit männlichen Geschlechtsmerkmalen (kleine Kügelchen).

- Luftfeuchtigkeit im Blick behalten: Zu hohe Luftfeuchtigkeit kann Schimmel begünstigen, was in dieser Phase das Schlimmste wäre. Gute Belüftung und der richtige Abstand zwischen den Pflanzen helfen, das zu vermeiden.
- Gießen mit Bedacht: Die Pflanze wird durstiger, aber Staunässe ist gefährlich. Hebe den Topf regelmäßig an, um einzuschätzen, ob gegossen werden muss.
- Licht optimieren: Falls du indoor anbaust, achte darauf, dass die Pflanze genug Licht bekommt. Bei photoperiodischen Pflanzen sind jetzt exakt 12 Stunden Licht und 12 Stunden Dunkelheit notwendig. Unterbrechungen im Dunkelzyklus können die Blütephase stören.

Wenn du diese Punkte beachtest, legst du den Grundstein für eine erfolgreiche Ernte. Die Pflanze braucht jetzt die richtigen Bedingungen, um ihr volles Potenzial zu entfalten – und du kannst sie dabei optimal unterstützen.

Licht, Luft & Wasser – So klappt dein Blüte-Set-up

Bis jetzt sah deine Pflanze wie eine stinknormale Pflanze aus – aber in den nächsten Wochen wird sie voll von Blüten sein. Ein Wandel, der einiges Neues mit sich bringt! Damit das klappt, braucht deine Pflanze jetzt besondere Aufmerksamkeit. Neben dem richtigen Licht und der Gabe des passenden Düngers spielen klimatische Bedingungen eine wichtige Rolle; schließlich will niemand seine Ernte durch Pilzerkrankungen verlieren. Ach, und natürlich gibt es auch in dieser Phase ein paar Dinge, die man nicht sofort auf dem Schirm hat, die aber mit ein paar Worten schnell erklärt sind und dir so einige Kopfschmerzen ersparen werden! Klingt erst mal nach Aufwand? Ist es gar nicht, wenn du ein paar Dinge beachtest.

Lichtsteuerung: Warum 12/12 bei photoperiodischen Pflanzen eine wichtige Regel ist

Story: Die verwirrte Disco-Pflanze

Ich wollte alles besonders schlau machen und habe die Zeitschaltuhr für ein kurzes Fotoshooting ausgestellt. Tja, leider habe ich vergessen, sie wieder auf Automatik zu stellen. Ein paar Tage lang hatte meine Pflanze 24 Stunden Dauer-Disco. Das Ergebnis? Die Dame war völlig verwirrt. Mitten in der schönsten Blüte fing sie plötzlich an, wieder neue, krüppelige Blätter oben aus den Buds zu schieben – das sogenannte „Re-Vegging". Sie sah aus wie ein explodierter Kopfsalat auf Steroiden. Lektion: Vertraue niemals deinem Gedächtnis, wenn es um die Zeitschaltuhr geht. Die Pflanze vergisst nämlich nie!

Photoperiodische Pflanzen merken jede Lichtveränderung. Sie wissen ganz genau, wann es Zeit ist, Blüten zu bilden. Aber das passiert nur, wenn du ihnen das richtige Signal gibst – und das kommt über den Lichtzyklus, also die Dauer der Lichteinstrahlung über den Tag. Den Unterschied zu automatisch blühenden Pflanzen kennst du ja bereits: Die einen – in diesem Fall die Automatics – starten von alleine nach einigen Wochen in die Blüte. Die anderen – die photoperiodischen Pflanzen – starten erst, wenn die Lichtstunden weniger werden. Also, wie funktioniert das ganze „Blüten-Ding" bei deiner photoperiodischen Pflanze? In der Wachstumsphase gab es für deine Pflanzen 18 Stunden Licht oder mehr. Jetzt fährst du die Lichtdauer herunter. Du täuschst quasi das Ende des Sommers vor und läutest den Herbst ein: 12 Stunden Licht, 12 Stunden Dunkelheit. Jeden Tag. Punkt.

Warum das so wichtig ist? Diese Umstellung simuliert, wie gerade beschrieben, den Herbst – also die Zeit, in der photoperiodische Cannabispflanzen draußen anfangen zu blühen. Hältst du dich nicht daran, denkt deine Pflanze, sie wäre noch im Sommer und somit in der Wachstumsphase – und schiebt weiter Blätter statt Blüten.

Ein Klassiker unter den Fails: Kurz ins Zelt leuchten, „nur um mal zu schauen". Das kann schon reichen, um die Pflanze so zu verwirren, dass sie entweder nicht richtig blüht oder gleich ganz durchdreht und anfängt zu zwittern. Also: Dunkelzeit heißt Dunkelzeit. Achte darauf, dass deine Pflanze während der Blüte nach den 12 Stunden Licht auch wirklich 12 Stunden dunkel steht. Stell dir am besten einen Timer für die Lampe – so bleibt der Rhythmus stabil. Und nur weil deine Pflanze jetzt in die Blüte geht, heißt das nicht, dass du danach einfach wieder das Licht hochdrehen kannst! Sobald deine photoperiodische Pflanze wieder 16 Stunden Licht am Tag bekommt, kann sie die Blütephase stoppen und zurück ins Wachstum wechseln. Gar nicht gut – das verursacht Stress und begünstigt die Zwittrigkeit.

Du arbeitest mit Autoflower-Pflanzen? Glückwunsch! Diese unkomplizierten Kandidaten brauchen keinen 12/12-Zyklus, sondern blühen ganz von selbst. Trotzdem lieben auch sie einen konstanten Rhythmus. Viele Grower setzen auf 18 bis 20 Stunden Licht über die gesamte Lebenszeit. Wenn du mich fragst, sind 16 bis 18 Stunden Licht pro Tag für Automatics eine richtig gute Wahl – genug Power für starkes Wachstum, ohne unnötig Energie zu verschwenden.

Bei photoperiodischen Pflanzen heißt es in der Blütephase: 12 Stunden Licht, 12 Stunden Dunkelheit.

Luftzirkulation & Luftfeuchtigkeit: Deine besten Waffen gegen Schimmel

Die Blütezeit ist eine extrem spannende Phase – hier passiert richtig viel an deiner Pflanze! Sie streckt sich noch mal ordentlich in die Höhe, je nach Sorte sogar richtig krass. Der sogenannte „Stretch" beginnt.

Aber Achtung! Das solltest du beim „Stretch" beachten:

Wir haben eben schon kurz vom Wachstumsschub, also dem „Stretch", gehört. Hier wartet eine riesengroße Falle auf dich – jetzt solltest du also besonders aufpassen! Im besten Fall kennst du die Genetik der Pflanze, die du anbaust. Je nach Hersteller bekommst du die Informationen, die du über das Wuchsverhalten brauchst, direkt von deren Internetseite. Doch jedem Indoor-Grower ist schon Folgendes passiert: Deine Pflanze ist schön groß geworden – sagen wir, sie ist jetzt gute 80 cm groß – und du schickst sie in die Blüte. Mit der Einleitung der Blütephase beginnt sich die Pflanze plötzlich zu strecken.

Dieser Prozess wird „Stretch" genannt. Manche Genetiken wachsen dann sogar um die doppelte Größe an. In unserem Beispiel ist deine Pflanze 80 cm groß gewesen und wird jetzt mit dem Stretch vielleicht 160 cm hoch. In einer Growbox mit einer Höhe von 160 cm wird das ein Problem. Denn du hast nach oben hin natürlich nur bedingt Platz. Da hängen ja im Normalfall auch noch die Lampe und Abluftanlage. Das heißt: Fang mit dem Einleiten der Blüte nicht zu spät an! Es könnte dir am Ende buchstäblich über den Kopf bzw. gegen das Dach deiner Growbox wachsen.

Was passiert da noch so in der Blütephase? Es sprießen die ersten feinen Härchen aus den Blütenansätzen – die sogenannten Pistillen oder Stempel. Gleichzeitig beginnen sich die Blüten zu formen, und genau das macht diese Phase so aufregend.

Die sogenannten Pistillen fangen an zu sprießen.

Blüten in der ersten Hälfte der Blütephase.

Vorsicht! Mit dieser Entwicklung kommt auch eine altbekannte Gefahr zurück: Schimmel – genauer gesagt Blütenfäule.

Luft muss in Bewegung sein – bestenfalls rund um die Uhr –, auch wenn das nicht immer möglich ist. Ein kleiner Umluftventilator bringt schon richtig viel, wenn du ihn so platzierst, dass die Luft in und um deine Pflanzen bewegt wird. Achte dabei darauf, dass kein Sturm auf die Pflanzen trifft, sondern eine sanfte Brise entsteht. Besonders während der Blüte ist das wichtig, denn durch die schweren Blüten, die die Pflanze zusätzlich tragen muss, können ein oder zwei zu starke Windstöße schnell dazu führen, dass ein Trieb abknickt. Ebenso wichtig wie der Ventilator ist die Abluftanlage. Wenn diese nicht zuverlässig Luft abzieht, bringt dir der beste Ventilator nichts.

Da sind wir dann schon beim zweiten wichtigen Punkt: Luftfeuchtigkeit! Genau hier schließt sich der Kreis zur Abluftanlage. Während in der Wachstumsphase ein Bereich zwischen 50 und maximal 70 % Luftfeuchtigkeit noch völlig in Ordnung war, solltest du jetzt auf etwa 40 bis 50 % runter. Zumindest bist du dann in einem Bereich, in dem die Schimmelgefahr wesentlich geringer ist. Je nach Genetik deiner Pflanze kannst du die Luftfeuchtigkeit in einem Bereich von 60 % halten. Wichtig ist da aber, besonders auf konstante Werte zu achten und eben darauf, dass die Pflanze, die du anbaust, auch mit höherer Luftfeuchtigkeit klarkommt. Fahr ansonsten deine Luftfeuchtigkeit wie gesagt auf etwa 40 bis 50 % runter. Das klingt trocken, ist aber perfekt für stabile und gesunde Blüten – und minimiert das Schimmelrisiko enorm. Keine Sorge, deine Pflanze steckt das problemlos weg. Was sie jedoch gar nicht verträgt, sind höhere und schwankende Luftfeuchtigkeitswerte und Feuchtigkeit an und auf den Blättern sowie den Blüten. Bedenke nur, dass deine Pflanze bei dieser trockeneren Luft mehr Wasser über die Blätter verdampft. Sprich: Sie wird deutlich mehr trinken! Und wo wir gerade bei den Blättern sind – hier kommt noch eine weitere wichtige Maßnahme ins Spiel, die dir in der Blüte enorm helfen kann: das Entlauben.

Ein oft unterschätzter Tipp: Die **Entlaubung** – auch als *Defoliation* bekannt – klingt im ersten Moment vielleicht brutal, ist aber extrem hilfreich. Dabei entfernst du gezielt Blätter, die sich überlappen oder zu nah an den Buds sitzen. So sorgst du für eine bessere Luftzirkulation, reduzierst die Feuchtigkeit zwischen den Blüten und lässt gleichzeitig mehr Licht bis ins Pflanzeninnere durch. Deine Pflanze sieht danach vielleicht ein wenig nackig aus, aber genau das wird sie dir mit gesunden, schimmelfreien und kompakten Blüten danken. Auf das Thema Defoliation werde ich aber gleich noch einmal näher eingehen.

Das typische Cannabisblatt in seiner Perfektion. Entlaube deine Pflanzen, wenn sie zu viel Blattmasse aufgebaut haben.

Und jetzt zu einem weiteren Profi-Move: Lollipopping. Hierbei geht es nicht um das Entfernen von Blättern, sondern um das gezielte Entfernen der Triebe und kleinen Blütenansätze im unteren Drittel der Pflanze. Diese Bereiche bekommen ohnehin zu wenig Licht, entwickeln sich schlecht und ziehen nur unnötig Energie. Statt die Kraft in diese schwachen Stellen zu verschwenden, konzentriert sich die Pflanze so auf die oberen, besser beleuchteten Bereiche – das sorgt für kräftige-

Beim Lollipopping werden die Triebe und Blütenansätze im unteren Drittel der Pflanze entfernt.

re und größere Buds an den Spitzen. Mehr dazu erfährst du später im Kapitel „Ran an die Schere! Wann und wie schneiden?“.

Fazit: Wenn du in der Blütephase auf die richtigen Lichtzeiten achtest, für eine gute Belüftung sorgst und die Luftfeuchtigkeit im Griff hast, kann eigentlich kaum noch etwas schiefgehen. Bleib konsequent, behalte deine Pflanzen im Blick – und schon bald kannst du dich auf anschwellende, duftende Blüten freuen. Klingt gut, oder?

Und mal ehrlich: Damit hast du schon eine perfekte Grundlage geschaffen, um deine Blüten nicht nur unfallfrei durchzubekommen, sondern auch wirklich schöne und potente Buds zu ernten. Wenn du jetzt sagst: „Ja, genau das will ich!“, dann schau dir unbedingt die nächsten Themen „Wasserbedarf“ und „Blütenboost“ an – damit holen wir noch das Maximum aus deiner Pflanze heraus!

Der veränderte Wasserbedarf in der Blüte: So erkennst du, wann deine Pflanze Durst hat

Wenn deine Pflanze in die Blüte geht, beginnt für sie eine echte Hochleistungsphase. Da wird Energie rausgeballert wie nie zuvor – und damit steigt auch der Wasserbedarf. Nicht zu vergessen ist dabei auch die Tatsache, dass deine Pflanze mittlerweile wesentlich größer ist. Größere Pflanze bedeutet mehr Blätter und ein größeres Wurzelsystem in deinem Topf. Die Pflanze kann also über das größere Wurzelwerk mehr Wasser aufnehmen und über die höhere Blattanzahl auch größere Mengen Wasser verdunsten. Klingt erst mal logisch. Aber was viele dabei vergessen: Mehr Wasser bedeutet nicht automatisch, dass du ständig zur Gießkanne greifen solltest.

Was du wirklich brauchst, ist ein Gefühl für den richtigen Zeitpunkt. Und den findest du ganz easy wieder mit dem Gewichtstrick heraus: Hebe deinen Topf nach dem Gießen an und präge dir ein, wie schwer er ist. Sobald er spürbar leichter wird, heißt das: Nachschub.

Was weder zu Beginn noch jetzt in der Blütephase funktioniert: Stur nach Uhrzeit gießen. Deine Pflanze richtet sich nicht nach deinem Kalender. An richtig heißen Tagen oder bei krassem Wachstum will sie vielleicht täglich Wasser, an kühleren Tagen reicht es auch mal, alle zwei, drei Tage zu gießen. Das heißt für dich: Augen auf, Finger in die Erde, Topf anheben, Pflanze beobachten. Alles andere wäre ein reines Ratespiel.

Und noch was: Gieß niemals mit eiskaltem Wasser! Klingt vielleicht banal, aber das kann die Wurzeln richtig schocken und den Stoffwechsel der Pflanze ausbremsen. Am besten nutzt du Wasser mit Umgebungstemperatur. Vor allem im Sommer ist kaltes Wasser ein absolutes No-Go, weil es die Pflanze zusätzlich stresst. Im Winter oder bei sehr kühlen Raumtemperaturen kann leicht temperiertes Wasser dagegen richtig gut sein. **Merke:** Niemals kalt gießen – und bei Temperaturen unter 15 °C darf das Wasser auch mal angenehm warm sein.

Der **pH-Wert** ist auch jetzt ein entscheidender Faktor, damit Nährstoffe optimal aufgenommen werden können. Wenn das Thema pH-Wert in deinem Set-up schon einmal behandelt wurde, kannst du hier auf die Wiederholung verzichten. Wichtig ist lediglich: Ein stabiler pH-Wert im optimalen Bereich stellt sicher, dass deine Pflanze jederzeit alle wichtigen Nährstoffe aufnehmen kann und nicht blockiert. Wenn du deine Pflanze in einer vernünftigen Erde für den Anbau von Nutzpflanzen oder – noch besser – speziell für Cannabispflanzen eingepflanzt hast, dann wirst du mit Sicherheit einen vernünftigen pH-Wert haben. Im Regelfall sollte der pH-Wert deiner Erde auch pH-Wert-Schwankungen deines Gießwassers abpuffern können. Falls nicht, ist es natürlich sinnvoll, wenn du den pH-Wert deiner Erde beziehungsweise deines Gießwassers überprüfst. Ein vernünftiger pH-Wert läge, wie bereits im Kapitel „Grower Basics“ erklärt, bei ca. 6–7.

Wenn **Licht, Luft und Wasser** im Einklang sind, steht deiner Ernte fast nichts mehr im Weg. Die Blütephase ist der Endspurt. Wer jetzt alles richtig macht, wird am Ende belohnt – mit dicken, gesunden Blüten, auf die du richtig stolz sein kannst. Und denk daran: Je mehr Punkte du in dieser Phase beachtest und je sorgfältiger du dich um deine Pflanzen kümmerst, desto besser wird in der Regel auch das Ergebnis deiner Ernte ausfallen.

Diese Blüten oberhalb der Pflanze befinden sich gerade im Aufbau und haben das größte Potenzial.

Blüte-Booster: So gibst du deiner Pflanze den letzten Kick

Sobald die Blütephase startet, ändert sich das Spiel komplett. Die Pflanze macht einen sichtbaren Wandel durch: Sie lässt das vegetative Wachstum hinter sich und fokussiert sich voll auf das, worauf es jetzt ankommt – die Blüten. Und damit diese sich so richtig lohnen, braucht sie nicht mehr von allem ein bisschen, sondern ganz gezielt die richtigen Nährstoffe. Die Grundlagen bleiben gleich, aber das Verhältnis ändert sich deutlich.

Warum jetzt weniger Stickstoff und mehr Phosphor und Kalium angesagt ist

Ein typischer Anfängerfehler ist es, in dieser Phase einfach so weiter zu düngen wie bisher. Dabei braucht die Pflanze jetzt vor allem eins: weniger Stickstoff und deutlich mehr Phosphor und Kalium. Dass die Blätter heller werden, ist also kein Warnsignal – im Gegenteil. Es zeigt, dass die Pflanze ihre Energie nicht mehr in neues Grün, sondern in die Blütenproduktion steckt. Es ist fast wie ein kleiner Herbst: Die unteren Blätter werden gelb, manchmal leuchten sie sogar in Rot- oder Violetttönen – ein echter Hingucker und gleichzeitig ein Zeichen dafür, dass alles nach Plan läuft.

Phosphor spielt dabei eine zentrale Rolle im Stoffwechsel der Pflanze und unterstützt die Entwicklung dichter, kräftiger Buds. Kalium sorgt dafür, dass die Pflanze stabil bleibt, Wasser effizient transportiert und Stress besser wegsteckt – gerade in der intensiven Blütephase unverzichtbar. Wer vorher vielleicht mit einem 4-2-3-Dünger unterwegs war, greift jetzt eher zu 2-4-6 oder einer vergleichbaren Formel. Der Unterschied? Weniger Stickstoff, dafür mehr Power für die Blütenbildung.

Dann gibt's da draußen noch unzählige Booster, die deiner Pflanze dabei helfen, größere Blüten auszubilden. Je nach Hersteller geht man da teilweise mit vier, fünf oder sechs unterschiedlichen Produkten ran. Dazu noch Kalzium-Magnesium-Präparate, pH-Regulatoren und, und, und. Jeder muss am Ende selbst für sich entscheiden, wie komplex er seine Pflanzen anbaut, wobei ich ein Freund davon bin, mich etwas tiefer und gezielter mit meinen Pflanzen auseinanderzusetzen.

Eine Ausnahme, die ich an dieser Stelle übrigens nur jedem empfehlen kann, ist der Dünger von *Hydroponic Research*, und zwar der *VBX* und der *Shine* für die Blüte. Mehr braucht es nicht. Den *VBX* gibst du quasi durchgehend und in der Blüte gibst du etwas von dem *Shine* mit dazu. Die Produkte sind ziemlich neu in Deutschland und in den USA bereits seit mehreren Jahren ein Geheimtipp. Zwei Produkte und das war's!

Das Fächerblatt einer photoperiodischen Pflanze in der Blütephase mit schöner Herbstverfärbung – völlig normal, wenn es dem Ende zugeht.

Mineralisch oder organisch? Was in der Blüte besser passt

Beide Wege haben ihre Berechtigung. Wer schnelle, direkte Wirkung braucht – etwa im Indoor-Grow oder bei sichtbarem Nährstoffmangel – ist mit **mineralischem Dünger** gut beraten. Die Pflanze bekommt genau das, was sie gerade braucht, und das ohne Umwege. Aber: Die Grenze zur Überdüngung ist schmal. Hier ist Feingefühl gefragt – im Zweifel lieber eine schwächere Mischung ansetzen als zu viel riskieren.

Organisch geht's sanfter zu. Hier setzen Mikroorganismen im Boden die Nährstoffe langsam frei, was nicht nur schonender für die Pflanze ist, sondern auch nachhaltiger wirkt. Natürlich dauert dieser Prozess etwas länger, aber dafür unterstützt er dauerhaft ein gesundes Bodenleben. Voraussetzung: Der Boden lebt. Wenn keine aktiven Mikroorganismen da sind, passiert auch mit bestem **organischem Dünger** wenig. Im schlimmsten Fall leidet deine Pflanze sehr stark darunter und darüber hinaus fängt dir das Zeug dann im Topf an zu vergehen. Der Preis dafür: kränkelnde Pflanzen und jauchig stinkende Erde. Danke für nichts!

Outdoor oder in lebendigen, gut gepflegten Substraten kann das Düngen mit organischen Produkten aber das tollste Erlebnis sein. Organische Flüssigdünger, die du dir bestellen kannst, bringen im richtigen Einsatz top Ergebnisse. Aber nicht nur gekaufte Fertigprodukte können wunderbar funktionieren. Guano, Kompost oder Wurmhumus sind vielleicht nicht die glamourösesten Zutaten, aber sie versorgen deine Pflanzen zuverlässig – wie ein natürlicher Dauer-Booster, der der Pflanze noch mal das gewisse Etwas verleiht.

Aber denk daran: In der Blüte will deine Pflanze ganz bestimmte Nährstoffe. Deshalb achte darauf, was du in deinen Topf hineinarbeitest. Sicherer ist da auf jeden Fall der Griff ins Regal, da die Firmen darauf achten, dass in deren Produkten auch das drin ist, was die Pflanzen brauchen.

Häufiger Fehler: Zu viel Dünger in der Blütephase

„Je mehr Dünger, desto besser" – klingt für viele zunächst logisch, kann deiner Pflanze in der Blütephase aber richtig auf die Füße fallen. Statt riesiger Blüten bekommst du im schlimmsten Fall blockierte Wurzeln, verbrannte Spitzen und eine Pflanze, die einfach stehen bleibt. Statt weiterzuwachsen, wirkt sie auf einmal schlapp, die Blätter verfärben sich dunkelgrün, rollen sich ein oder wirken, als hätten sie einen Sonnenbrand erwischt.

Aber genau dafür liest du ja dieses Buch – um solche Fehler gar nicht erst zu machen. Und der wichtigste Tipp an dieser Stelle ist einfach wie immer: **Beobachte deine Pflanze.** Ja, ich weiß, ich habe das in diesem Buch bereits einige Male betont, aber ich kann es nicht oft genug erwähnen. Nur wer seine Pflanze liest, bekommt die nötige Information und die dadurch resultierende Erfahrung, die den Daumen immer grüner werden lässt. Das Gute dabei: Was dir die Pflanze sagt und was du dabei lernst, das kannst du auch für andere Pflanzen vom Grundsatz her übernehmen. Pflanzen geben uns so viele Informationen, man muss sie nur erkennen können. Sie sagen dir ziemlich deutlich, wenn etwas aus dem Ruder läuft. Wer hinschaut, erkennt erste Warnsignale früh genug und kann gegensteuern, bevor der Schaden zu groß wird.

Und falls es doch mal passiert – Ruhe bewahren. In Fällen, in denen du es einfach mal viel zu gut gemeint hast, hilft im schlimmsten Fall nur eins: spülen. Das bedeutet, du gibst deiner Pflanze reichlich klares Wasser und sorgst dafür, dass sich die überschüssigen Salze in der Erde lösen und ausgewaschen werden. Danach gönnst du ihr eine kleine Pause. Kein Dünger, kein Stress – einfach durchatmen lassen. Denn gerade jetzt gilt: Weniger ist wirklich mehr.

Booster in Form von Licht

Neben dem passenden Nährstoffverhältnis ist in der Blütephase noch ein weiterer Faktor ursächlich für eine potentere Blüte: die Lichtintensität! Hierbei reden wir nicht über längere Lichtdauer, sondern über die **Lichtstärke**. Die Pflanze profitiert mit stärkerem Licht davon, auch mehr bzw. größere und qualitativ bessere Blüten auszubilden. Gerade jetzt, wo deine Pflanze nur noch mit 12 Stunden Licht am Tag auskommen muss, freut sie sich über intensiveres Licht.

Ja, das Lichtspektrum spielt in den verschiedenen Phasen natürlich auch eine Rolle, aber bei einem Outdoor-Grow kannst du es eh nicht beeinflussen, und im Indoor-Grow gehe ich einfach mal davon aus, dass du dich für eine vernünftige Grow-Lampe entschieden hast. Meine Lampen von der Firma *Vivosun* sind beispielsweise so aufgebaut und regelbar, dass ich sie immer entsprechend der aktuellen Phase mit einem Knopfdruck anpassen kann. Aber das Thema Lichtspektrum und alles, was es da sonst noch so im Themenbereich Beleuchtung gibt, würde an dieser Stelle den Rahmen sprengen.

Mit meiner Lampe der Firma *Vivosun* lässt sich das Licht für die verschiedenen Grow-Phasen entsprechend anpassen.

pH-Wert & Nährstoffhaushalt: Feintuning für deine Blüte

Je weiter die Blütephase voranschreitet, desto mehr kommt es auf die Feinheiten an. Und ja, klar – viele Bücher würden jetzt eine seitenlange Abhandlung über den pH-Wert abfeuern. Aber ganz ehrlich? Wir halten es – so wie bisher – möglichst praktisch und ich will mich an dieser Stelle auch nicht zu sehr wiederholen. Aber trotzdem ist es wichtig, dass wir das Thema noch mal kurz anschneiden.

Ein stabiler pH-Wert ist entscheidend, weil deine Pflanze nur dann die Nährstoffe auch wirklich aufnehmen kann. Aber du musst deshalb nicht jeden Tag zur pH-Messung antreten. Wenn deine Erde gut eingestellt ist und du mit den Düngermengen nicht übertreibst, erledigt sich das oft ganz von selbst. Die Erde puffert kleinere Schwankungen zuverlässig ab – und wer den Weg des organischen Anbaus gewählt hat, der ist beim pH-Wert im Regelfall eh auf der sicheren Seite, ohne noch großartig Werte kontrollieren zu müssen.

Ein Thema, das oft zu spät erkannt wird: **echter Nährstoffmangel**. Gerade wenn Phosphor oder Kalium fehlen, wird's in der Blütephase kritisch. Du erkennst es zum Beispiel an den Blüten, die nach mehreren Wochen immer noch sehr klein sind und ohne Volumen einfach fluffig wachsen, ohne in die Breite zu gehen oder kompakt und voluminöser zu werden.

Und nein, die Lösung ist nicht, sofort den Turbo-Dünger rauszuholen und drauflos zu kippen. Stattdessen: ruhig bleiben, langsam die Dosis steigern und beobachten, wie die Pflanze reagiert. Je früher du deine Pflanze optimal fütterst, umso weniger Potenzial verschleuderst du bei deinen Blüten.

Es ist wie so oft beim Gärtnern – du brauchst Gefühl. Für deine Pflanze, für den richtigen Moment, für die Balance zwischen Geben und Abwarten. Und wenn du dieses Gefühl entwickelst, wirst du merken, dass deine Pflanze dir genau zeigt, was sie braucht – du musst nur lernen, hinzuschauen. Dann steht einer dicken, gesunden Blüte am Ende auch nichts mehr im Weg.

Wer seine Pflanze beobachtet und liest, kann sich auf wunderschöne und gesunde Blüten wie diese hier freuen.

Ran an die Schere! Wann & wie schneiden?

Defoliation (Entlaubung) – Mehr Licht, weniger Schimmelrisiko

Blätter wegschneiden, damit mehr wächst? Klingt widersprüchlich, ist aber in der Blütephase ein echter Gamechanger. Durch gezielte Entlaubung kann deine Pflanze besser atmen, mehr Licht nutzen und vor allem: bessere Blüten entwickeln. Besonders in geschlossenen Räumen oder bei dichtem Wuchs kann das über Ernte oder Schimmel entscheiden.

Die Schere ist eines der wichtigsten Werkzeuge für Grower.

Was ist Defoliation und wann ist der richtige Zeitpunkt?

Auf das Entlauben deiner Pflanze habe ich ja vorhin schon kurz Bezug genommen, warum und weshalb das ein cleverer Move sein kann – aber an dieser Stelle will ich dir die Vorgehensweise noch etwas näherbringen.

Beim Defolieren geht's nicht ums radikale Ausdünnen, sondern um gezielte Schnitte. Entfernt werden Blätter, die der Pflanze mehr Energie kosten, als sie ihr bringen. Besonders große Fächerblätter, die andere Pflanzenteile beschatten, sind hier die Hauptkandidaten. Das Ziel: Licht und Luft sollen überall hinkommen – auch zu den unteren Blüten.

Der beste Zeitpunkt? Entweder kurz vor der Blüte oder in den ersten ein bis zwei Wochen nach der Umstellung auf die 12/12-Lichtsteuerung. In der Wachstumsphase kann etwas Entlaubung helfen, den Aufbau

Ein paar Segelblätter meiner Indoor-Pflanze. Das war eine Purple-Genetik, bei der die unteren Blüten durch die großen Blätter abgeschattet wurden.

schön luftig zu gestalten. In der Blütephase wiederum bringt es die Energie genau dorthin, wo du sie haben willst: in die Buds.

Ist es falsch, die Pflanze auch zu einem anderen Zeitpunkt zu entlauben? Nein! Meiner Meinung nach ist das gezielte und kontrollierte Herausnehmen von Blättern während des gesamten Grows sinnvoll. Das Wichtigste ist dabei nur: Übertreibe es nicht! Die Blätter sind mit das Wichtigste an deiner Pflanze! Je mehr Blätter, desto mehr Photosynthese. Je weniger Blätter, desto weniger Energie kann deine Pflanze produzieren. Also entferne mit Bedacht und mache es darüber hinaus nur, wenn du weißt, dass deine Pflanze aus einer stabilen Züchtung kommt – also von einem vernünftigen Hersteller mit stabilen Kreuzungen!

Welche Blätter entfernt werden sollten und warum

Weg mit allem, was zu viel Schatten wirft oder zu wenig bringt. Also: große, blockierende Fächerblätter, überlappende Blätter und alles, was die Luftzirkulation stört. Das ist besonders bei dichten Beständen wichtig – hier kann stehende, feuchte Luft schnell zur Schimmelzone werden.

Abgeschnittene Blätter nach starker Entlaubung der Pflanze.

Was du nicht entfernen solltest: junge, frische Blätter direkt an den Blüten. Die versorgen die Pflanze noch aktiv mit Energie und spielen eine wichtige Rolle für die Photosynthese. Lieber in kleinen Schritten entlauben – so hat die Pflanze Zeit, sich anzupassen.

Vorteile für Luftzirkulation, Lichtdurchlässigkeit und Blütenqualität

Wenn die Luft besser zirkulieren kann, trocknen auch feuchte Stellen schneller ab – das ist der beste Schutz vor Pilzen wie Mehltau oder Botrytis, also die bereits besprochene Blütenfäule. Gerade bei buschigen Pflanzen und hoher Luftfeuchtigkeit ist das entscheidend. Gleichzeitig profitieren auch die unteren Blüten: Was vorher im Schatten verkümmerte, bekommt jetzt Licht und kann ordentlich zulegen.

Beachte aber: Die Blätter sind auch für den inneren Fluss der Pflanze wichtig. Hast du beispielsweise Seitentriebe und schneidest da alle Blätter ab, wird der Saftfluss deiner Pflanze in diesen Trieben weniger

Kleine Blüten (auch Popcorn-Buds genannt) im dunkleren und inneren Bereich der Pflanze. Nach der Defoliation bekommen sie mehr Licht und können ordentlich zulegen.

stark sein. Aber damit die Triebe deiner Pflanze ordentlich wachsen und natürlich auch die Blüten mit Wasser und Nährstoffen versorgt werden, braucht es diesen Saftfluss. Führe das Beschneiden also unbedingt mit Köpfchen durch!

Defoliation heißt unterm Strich: Du lenkst die Kraft der Pflanze dorthin, wo es sich wirklich lohnt und wichtig ist – und zwar in die Blüten. Das Entlauben ist wie ein Feintuning für deine Pflanze. Nicht zu viel, nicht zu wenig – einfach mit wachem Blick regelmäßig optimieren. So bleiben deine Pflanzen gesund und deine Blüten eindrucksvoll. Wo wir beim Thema eindrucksvolle Blüten sind: Im Folgenden gehe ich noch mal näher auf die andere Beschneidungsmaßnahme ein, und zwar auf das Lollipopping.

Damit die unteren Bereiche der Pflanze Licht bekommen, gibt es noch eine zusätzliche Möglichkeit: seitlich angebrachte Lampen. Kein Muss, aber was macht man nicht alles für sein Hobby.

Story: Die gelbe Spezial-Düngung

Es war Zeit für ein ordentliches Defoliation-Wellnessprogramm. Ich wollte meine Pflanze ein wenig ausdünnen, also Blätter entfernen. Dafür holte ich meine schönste Pflanze aus dem Zelt und stellte sie mitten ins Wohnzimmer auf den Boden, um in aller Ruhe die überschüssigen Blätter zu entfernen. Das ist übrigens viel einfacher, als das Ganze im Growzelt zu machen. Mein Hund lag entspannt daneben – dachte ich zumindest. Was ich vergessen hatte: Der Arme hatte gerade eine Entzündung, bekam Cortison und musste daher öfter mal eben kurz Pipi.

Ich flitzte nur schnell in die Küche, um einen Eimer für die Schnittreste zu holen. Als ich zwei Sekunden später wieder ins Wohnzimmer kam, passierte es in Zeitlupe: Mein Hund stand am Topf, hob das Bein und verpasste meiner Pflanze eine ordentliche Ladung „Spezial-Dünger" – direkt gegen den Stamm über die Blätter als Blattdüngung und wusch – ab in die Erde. Ich stand da mit meinem Eimer, völlig fassungslos, während er mich ansah, als wollte er sagen: „Was? Wenn du die hier hinstellst ..."

Der „Pott"-Lerneffekt: Cannabis verträgt zwar viel, aber eine direkte Cortison-Urin-Spülung gehört nicht zum empfohlenen Düngeplan. Ach, und wenn du Haustiere hast, dann achte bitte darauf, dass nichts passiert.

Lollipopping – Energie in die richtigen Blüten lenken

Lollipopping klingt süß, ist aber ein ziemlich cleverer Schnitt. Nach dem Prinzip „unten frei, oben voll", entfernst du die unteren schwachen Triebe, Blätter und Blütenansätze, die ohnehin kaum Ertrag bringen und der Pflanze meistens mehr Energie kosten, als Positives für deinen Grow beizutragen. Die Pflanze sieht danach wie ein Lutscher aus: kahl am Fuß, buschig an der Krone – wie der Name vermuten lässt.

Warum Lollipopping für größere Blüten sorgt

Deine Pflanze hat nur eine bestimmte Menge an Energie zur Verfügung. Wenn sie die auf jedes noch so kleine Zweiglein verteilt, kommt am

Ende überall ein bisschen raus – aber nirgends richtig viel. Vor allem die unteren Buds, die kaum Licht sehen, bleiben fluffig und mickrig.

Mit Lollipopping sagst du: Schluss mit dem Energieverschleudern. Die Kraft geht dahin, wo sie gebraucht wird – nach oben, zu den gut beleuchteten Hauptblüten. Die Folge: kompaktere, dichtere und potentere Buds. Gleichzeitig bleibt der Pflanzaufbau luftiger und wird, wie wir wissen, damit auch weniger anfällig für Schimmel.

Wann und wie du untere Triebe entfernst

Der perfekte Zeitpunkt fürs Lollipopping ist wie bei der Defoliation der Übergang zur Blüte, sprich: die ersten ein bis zwei Wochen nach der Umstellung auf den 12/12-Lichtrhythmus. Aber auch da scheiden sich die Geister. Die einen fangen früher an, die anderen erst in der dritten Blütewoche. Manche beginnen noch später, und die anderen verzichten komplett darauf. Warum ich gerne mit der Einleitung der Blütephase damit anfange? Dann ist die Pflanze noch flexibel, reagiert gut auf Schnittmaßnahmen und kann die Energie schnell umlenken.

Los geht's im unteren Drittel der Pflanze. Entferne alle dünnen, schlecht beleuchteten Triebe, die von vornherein keine nennenswerten Buds bringen würden. Auch große Fächerblätter, die Licht blockieren, kannst du vorsichtig rausnehmen – aber immer mit Maß. Ein zu harter Schnitt kann die Pflanze stressen.

Wenn du dir unsicher bist: Teile das Ganze in zwei Runden auf. Schneide zuerst die offensichtlichen Kandidaten weg und schau ein paar Tage später erneut, was noch stört. Was ebenfalls von Vorteil ist, wenn das gesamte Bild der Pflanze etwas unübersichtlich erscheint: Schau dir die Pflanze an und ziehe für dich eine imaginäre Linie irgendwo oberhalb des unteren Drittels der Pflanze. Alles darunter kannst du dann rigoros ausdünnen.

Vorher-nachher-Vergleich: Wie eine gut gelollipoppte Pflanze aussieht

Vorher: Alles zugewuchert. Kleine Seitentriebe, viele Blätter, wenig Luft, kaum Licht im unteren Bereich. Nicht schön, nicht ertragreich.

Nachher: Das untere Drittel der Pflanze ist frei, die Mitte der Pflanze sowie die Krone sind kompakt, energiegeladen und voll mit potenziell ertragreichen Trieben, aus denen sich bald schon tolle Blütenansätze bilden können. Und das macht sich bei der Ernte bezahlt: größeres Potenzial für potente Blüten, weniger Risiko, mehr Kontrolle. Die Pflanze wirkt aufgeräumt und du als Gärtner hast wieder einen klaren Überblick!

Lollipopping ist simpel, aber kann durchaus effektiv sein. Gerade indoor oder bei dichten Pflanzenbeständen kann das deine Erntequalität und auch Erntemenge verbessern.

Cannabispflanzen im Vergleich (links gelollipoppt, rechts nicht gelollipoppt).

Topping – Für mehr Haupttriebe und gleichmäßigen Wuchs

Jetzt, wo wir die Schere bereits griffbereit haben, thematisieren wir doch direkt noch das Köpfen deiner Pflanze und das sogenannte Toppen. Was verbirgt sich hinter dem Begriff? Indem du die Hauptspitze kappst, zwingst du die Pflanze dazu, sich zu verzweigen. Aus einem Haupttrieb werden zwei, aus zwei geschnittenen Trieben werden vier. Ja, und wenn die Pflanze am obersten Trieb geköpft wird, dann schaltet das Wachstum um. Nicht mehr nur der Haupttrieb, sondern auch die Seitentriebe produzieren plötzlich Wachstum. Das Ganze kommt daher, dass sich die Wachstumshormone in der Pflanze anders verteilen. Und genau das können sich schlaue Gärtner zunutze machen.

Was hart klingt, bringt Ordnung rein: Die Pflanze wächst nicht mehr in die Höhe, sondern breiter und buschiger. Das sorgt für bessere Lichtverteilung, gleichmäßige Entwicklung und mehr Blütenansätze. Vor al-

Der obere Teil der Pflanze wurde abgeschnitten. Hier spricht man vom Toppen. In diesem Fall kann man es eher Late-Toppen nennen, da die Pflanze bereits sehr weit fortgeschritten war. Experimentieren macht Spaß!

lem in der Wachstumsphase hilft Topping dabei, die Struktur gezielt zu formen – für mehr Kontrolle, mehr Fläche und mehr Ertrag. Ein weiterer Vorteil durch das kontrollierte Lenken in das Breitenwachstum: Du hast für die Blüten eine gute Grundlage für ein gleichmäßigeres Höhenwachstum geschaffen. Also so, dass möglichst viele der Triebspritzen und der Blüten sich auf einem gleichmäßigeren Höhenniveau befinden und sich dadurch auch eine gleichmäßigere Lichtverteilung ergibt.

Wer's einmal gemacht hat, will nie wieder ohne. Wichtig ist nur: Schneide sauber und früh genug, damit die Pflanze noch Zeit hat, sich davon zu erholen – und ihre neue Form voll ausbauen kann.

Warum das Entfernen der Hauptspitze das Wachstum fördert

Pflanzen folgen einem einfachen Prinzip: Die Hauptspitze übernimmt das Kommando. Sie wächst am stärksten, saugt die Energie auf – der Rest bleibt weniger intensiv versorgt und auch zum Großteil in weniger stark beleuchteten Bereichen. Dieses Prinzip nennt sich Apikaldominanz. Ja, zugegeben, den Fachausdruck musste ich auch noch mal googeln, aber sobald du die Spitze kappst, ändert sich das Spiel. Die Energie verteilt sich plötzlich auf mehrere Triebe, die Seitentriebe holen auf und die Pflanze wächst nicht mehr nur nach oben, sondern in die Breite.

Das Ergebnis ist ein gleichmäßiger, kräftiger Wuchs. Alle Triebe bekommen Licht, nicht nur der obere. Für Indoor-Grows ist das ein echter Gamechanger: Die Pflanze bleibt kompakt, kontrollierbar und nutzt das Licht viel effektiver aus.

Wie oft und wann du toppen solltest (und wann lieber nicht)

Der richtige Zeitpunkt fürs erste Topping? Sobald deine Pflanze vier bis sechs Nodien – also Blattpaare – gebildet hat. Dann ist sie stabil genug und hat das Potenzial, mit den vorhandenen Seitentriebansätzen die neue Wachstumsrichtung einzuschlagen. Danach kannst du das Topping sogar weitere Male anwenden, wenn nötig. Wichtig ist nur: Gönn deiner Pflanze zwischen den Schnitten immer ausreichend Zeit

Das ist eine Pflanze, die durch Topping schön buschig erzogen wurde.

zur Erholung. Nur dann kann sie ihre Energie neu bündeln und kräftig nachlegen.

Nicht jede Pflanze ist fürs Topping gemacht. Automatische Sorten – also Autoflowers – sind eher heikel. Sie haben nur eine begrenzte Lebenszeit und oft nicht genug Zeit, um sich von einem Schnitt zu erholen. Auch während der Blüte solltest du besser keine Spitzen mehr entfernen. In dieser Phase ist die Pflanze bereits voll auf die Blütenproduktion eingestellt – ein Schnitt würde mehr stören als nutzen. Heißt das jetzt, du darfst deine Autoflower nicht toppen? Quatsch! Das geht auch, wenn deine Pflanze gesund ist, aber behalte im Hinterkopf, dass die Automatic den Zeitplan vorgibt und ein Wachstumsstopp während der Maßnahme auch auf Kosten deiner finalen Ernte fallen kann.

Vorteile: Mehr Blüten, buschiger Wuchs, bessere Lichtausbeute

Topping bringt Struktur ins Chaos. Aus einem Trieb werden zwei, aus zwei werden vier – und schon bald entsteht eine gleichmäßige Krone voller potenzieller Blütenansätze. Die Pflanze bleibt niedrig, wächst in die Breite und kann ihre Kraft viel besser verteilen. Das heißt: weniger Blüten im Schatten, weniger Verschwendung der Lichtenergie – aber auch mehr Arbeit für dich. Die Pflanze einfach so wachsen zu lassen ist da natürlich einfacher, aber kann gerade indoor auch problematisch werden. Vor allem dann, wenn du nicht so viel Platz nach oben hast.

Abgeschnittene Blätter und Triebe bieten für das Wachstum und die Ernte deiner Pflanze zahlreiche Vorteile.

Statt hoch hinaus zu schießen und dabei die unteren Blütenansätze zu vernachlässigen, entsteht ein dichter, gut belichteter Pflanzenschirm – und damit die perfekte Grundlage für eine anständige Ernte.

Richtig angewendet, ist Topping eine der stärksten Techniken im Werkzeugkasten eines Growers. Der Trick liegt wie immer im Timing und im Feingefühl. Wer den Schnitt zur richtigen Zeit setzt und danach nicht ungeduldig wird, wird schnell belohnt – mit kräftigem Wachstum, mehr Kontrolle und in den meisten Fällen höheren Erträgen.

Low-Stress-Training (LST) – Biegen statt Schneiden

Wenn wir schon mal dabei sind, legen wir mal kurz die Schere weg und schauen uns eine Methode an, die vom Wirkprinzip dem Topping sehr nahekommt – nur dass wir dabei nichts abschneiden müssen. Nicht jeder möchte gleich zur Schere greifen. Und nicht jede Pflanze verträgt harte Eingriffe. Hier kommt LST ins Spiel – Low-Stress-Training. Eine Methode, bei der nicht geschnitten, sondern geformt wird. Statt der Pflanze ihren eigenen, oft suboptimalen Weg zu lassen, wird sie sanft in die richtige Richtung gebogen.

So wachsen die meisten Triebe dann so, wie du sie haben willst: auf einer Ebene. Dort bekommen sie gleich viel Licht und können sich gleichzeitig entwickeln. Die unteren Buds, die sonst oft untergehen, haben endlich die Chance, mitzuhalten – und das sieht man später auch an der Qualität. Zusätzlich entsteht durch die breitere Wuchsform mehr Raum für Luftzirkulation, was wie immer die Schimmelgefahr minimiert.

Im Prinzip ist LST ein sanftes Lenken, kein Eingreifen mit Gewalt. Ein bisschen Draht, etwas Geduld und die Pflanze wächst nicht nur schöner, sondern auch effizienter. Denn gerade dann, wenn der Haupttrieb runtergebogen und fixiert wird, passiert ein ähnlicher Effekt wie beim Toppen: Die Seitentriebe bekommen das Signal, stärker zu wachsen. Und dann? Dann lenkst du auch sie so, wie du sie haben willst – und schmiedest dir nach und nach deine Pflanze zusammen.

Das LST-Ergebnis nach ein paar Wochen. Die kleinen Triebe sind jetzt stärker und die Pflanze buschiger.

Triebe richtig biegen und fixieren – Eine einfache Anleitung

Das Prinzip hinter LST ist schnell umgesetzt: Wie eben erwähnt, wird vor allem der Haupttrieb gleich am Anfang zur Seite und etwas herunter gebogen – und fixiert. Zack, die Seitentriebe werden gepusht!

Junge, noch biegsame Triebe werden sanft in eine neue Richtung gelenkt und dort ebenfalls fixiert. Das Ergebnis ist eine Pflanze, die in die Breite statt in die Höhe wächst – kompakt, gleichmäßig ausgeleuchtet, mit optimaler Struktur und später hoffentlich großen Blüten. Mit diesen vier Schritten gehst du richtig vor:

1. Den richtigen Zeitpunkt wählen

Low-Stress-Training beginnt am besten früh – sobald deine Pflanze drei bis sechs Blattpaare hat. In dieser Phase ist sie stabil genug, aber noch flexibel. Perfekt, um das Wachstum gezielt zu steuern.

2. Vorsichtig biegen

Halte den Haupttrieb mit zwei Fingern fest und biege ihn um. Stütze die Biegestelle mit der anderen Hand, damit es nicht zu einem Abknicken kommt. Dann nur noch vorsichtig (zum Beispiel mit einem Gartendraht) fixieren und fertig. Die Seitentriebe, sofern sie schon vorhanden sind, kannst du dann je nach Länge herunter- und weg vom Haupttrieb biegen.

3. Fixieren, ohne Schaden anzurichten

Zur Fixierung reicht oft schon das, was du zu Hause hast: weicher Gartendraht, Pfeifenreiniger oder eine geflochtene Schnur. Wichtig ist nur, dass du die Triebe nicht einschnürst – sie sollen ja weiterwachsen können. Wer's eleganter mag, kann auf Pflanzenbieger zurückgreifen. So kannst du deine Triebe sanft und schonend biegen. Einfach an den Trieb, den du biegen möchtest, anbringen und vorsichtig in die gewünschte Richtung formen. Meine Pflanzenbieger findest du auf *muddiserde.de*, falls du daran Interesse hast.

Pflanzenbieger auf gelollipoppter Pflanze.

Wichtig: Kein ruckartiges Knicken, sondern langsam und vorsichtig arbeiten. Falls dir doch mal ein Trieb einreißt, keine Panik. Ein bisschen Tape kann da Abhilfe schaffen. Falls nicht, dann nimm dir diesen Unfall als Erfahrung mit in deine nächste Runde.

4. Regelmäßig anpassen

Die Pflanze wächst – und mit ihr auch die gebogenen Triebe. Kontrolliere regelmäßig, ob die Fixierungen noch passen, und korrigiere bei Bedarf. So bleibt deine Pflanze dauerhaft in Form, ohne dass sie aus der Spur gerät. Nach einer gewissen Zeit sind die Triebe dann aber relativ formstabil, und es muss nicht unbedingt dauerhaft mehr Druck auf sie ausgeübt werden.

Auch outdoor ist Low-Stress-Training eine gute Methode, um die Pflanze buschiger zu erziehen.

Warum sich der Aufwand lohnt – Vorteile von LST

Low-Stress-Training ist nicht nur simpel umzusetzen, sondern auch erstaunlich effektiv. Wer sich regelmäßig damit beschäftigt, bekommt am Ende nicht nur eine hübsch geformte Pflanze, sondern auch eine sichtbar bessere Ernte.

Gleichmäßiges Licht ist der größte Vorteil: Alle Triebe bekommen ihren fairen Anteil – das verhindert kleine Popcorn-Buds und sorgt für eine einheitliche Blütenbildung. Durch diese Lichtverteilung steigt auch der Gesamtertrag, weil die Pflanze mehr Energie in die Buds stecken kann. LST ist also gerade im Indoor-Bereich eine tolle Möglichkeit, um das Growzelt optimal auszunutzen.

Im Gegensatz zu harten Schnitten wie beim Topping bleibt die Pflanze durch LST weitestgehend stressfrei. Sie muss keine Wunden schließen, sondern wächst einfach weiter – nur eben anders.

Kurz gesagt: LST bringt Struktur, Luft, Licht und Kontrolle – und ist trotzdem kinderleicht umzusetzen.

Hier wird es besonders schön deutlich. Bei dieser jungen Pflanze wurde der Hauptstamm mit Draht vorsichtig zur Seite gebogen. Dadurch bekommen die unteren Triebe mehr Licht und können kräftiger wachsen.

Wenn die Pflanze zurückschlägt

Ich wollte das perfekte Low-Stress-Training vorführen und habe alles fachmännisch mit Soft-Wires weggebunden, um die Lichtausbeute zu maximieren. Ich war so stolz auf meine Geometrie, dass ich mich beim Festziehen eines Drahtes zu weit über die Pflanze lehnte. Mein T-Shirt verfing sich in einem Clip, ich verlor das Gleichgewicht und – knack – ich hatte den Haupttrieb mit meinem eigenen Körpergewicht „getoppt". Die Pflanze sah danach eher nach „High Stress" für den Grower aus.

Der „Pott"-Lerneffekt: Training ist gut, aber achte auf deine eigene Ergonomie. Wenn der Spezialist auf die Pflanze fällt, hilft auch das beste LST nicht mehr.

Low-Stress-Training in Aktion – in diesem Video zeige ich dir, wie ich es gemacht habe:

High-Stress-Training (HST) – Maximale Kontrolle über das Wachstum

Topping vs. Supercropping – Wann welcher Eingriff sinnvoll ist

Während LST eher sanft in die Wuchsrichtung eingreift, geht High-Stress-Training einen Schritt weiter. Hier geht's um gezielte Eingriffe mit messbarer Wirkung – und zwei Techniken stehen dabei im Fokus: Topping und Supercropping.

Wie wir bereits gelernt haben, wird beim **Topping** die Hauptspitze entfernt. Was im ersten Moment hart klingt, bringt aber enorme Effekte. Die Pflanze verzweigt sich, wird buschiger und das Licht erreicht alle Triebe gleich gut – zumindest, wenn du nach dem Toppen deine Pflanze weiterhin entsprechend bearbeitet und gelenkt hast. Die Methode ist perfekt, wenn du seitlich Platz hast und deine Pflanze in die Breite wachsen soll.

Supercropping hingegen lässt alle Triebe dran, aber lenkt sie durch kontrollierten Stress um. Dabei knickst du bewusst einen Trieb, ohne ihn zu brechen. Innen wird das Gewebe leicht gequetscht, außen bleibt alles intakt. Der Saftfluss wird umgeleitet, die Pflanze baut mehr Stabilität auf – und bleibt kompakt.

Beide Methoden haben ihren Platz. Topping ist ideal für frühe Entwicklungsphasen mit stabilem Wachstum, Supercropping eignet sich besonders gut für das spätere Feintuning im Blütenaufbau. Supercropping ist dabei eine Methode, die ich selbst nur selten angewendet habe, aber der Vollständigkeit halber will ich sie trotzdem einmal erklären.

Hier siehst du einen Supercropping-Versuch der obersten Blüte.

Wie Supercropping das Wachstum optimiert

Supercropping ist eine Methode mit viel Fingerspitzengefühl. Ziel ist nicht, die Pflanze zu verletzen, sondern sie herauszufordern. Genau wie beim Muskelaufbau beim Menschen führt der „gute Stress" zu Wachstum, Stabilität und Leistungssteigerung.

Such dir dafür einen kräftigen Trieb. Roll ihn sanft zwischen Daumen und Zeigefinger, bis er weich wird – dann langsam zur Seite biegen. Die Pflanze richtet sich zwar wieder auf, aber der Trieb bleibt gedrungen und robuster. Durch die Umlenkung des Saftflusses wachsen die Seitentriebe stärker – und die Pflanze wird insgesamt stabiler und produktiver.

Als Reaktion auf das Trauma schüttet die Pflanze Abwehrstoffe aus, die das Wachstum zusätzlich ankurbeln. Das Höhenwachstum wird eingebremst, was besonders bei niedrigem Platzangebot ein echter Vorteil ist. Und ganz nebenbei erhältst du eine strukturierte Pflanze, bei der jede Blüte die Chance bekommt, sich voll zu entfalten.

Risiken von High-Stress-Training – Wann Stress problematisch wird

So wirkungsvoll Topping und Supercropping auch sind, sie fordern der Pflanze einiges ab. Denn im Gegensatz zu sanfteren Trainingsmethoden basiert HST auf bewusstem Stress. Wer hier nicht aufpasst, riskiert, dass aus Wachstumsschub schnell Wachstumsstopp wird.

Vor allem geschwächte Pflanzen sind anfällig. Wenn sie schon mit Nährstoffmangel, Wassermangel oder Krankheiten kämpfen, kann ein zusätzlicher Stressreiz das Fass zum Überlaufen bringen. Auch der Zeitpunkt spielt eine große Rolle: In der Wachstumsphase kann sich die Pflanze noch gut regenerieren. In der Blütephase ist sie jedoch mit der Ausbildung ihrer Buds beschäftigt – und reagiert auf Störungen deutlich sensibler. Im schlimmsten Fall vertrocknet ein Trieb oder viel schlimmer noch: Die Pflanze wird stressbedingt männliche Blüten ausbilden, also neben den gewünschten weiblichen Blüten plötzlich auch männliche Pollensäcke produzieren. Das bedeutet: Selbstbestäubung und somit eine schlechte Ernte mit vielen Samen, die die Pflanze dann produziert.

Besondere Vorsicht gilt beim Supercropping: Ein unvorsichtiger Handgriff und der Trieb knickt komplett durch. Ist das Gewebe zu stark beschädigt, war's das mit dem Seitenast. Deshalb: Lieber erst mit weniger wichtigen Trieben üben und Fingerspitzengefühl entwickeln.

Ob du lieber toppst oder croppst, hängt letztlich vom Ziel und vom Platz ab. Wer in die Breite gehen will, findet in Topping den idealen Verbündeten. Wer Höhe sparen will, profitiert eher vom Supercropping. In beiden Fällen macht's die Technik – und die Geduld. Ach, und wer noch weniger Stress machen will, pickt sich die Biegemethode (Low-Stress-Training) raus oder lässt die Pflanze auch einfach ganz normal wachsen, ohne in irgendeiner Form auf das Baby einzuwirken. Du entscheidest.

Stecklinge schneiden: Klonen statt neu ziehen

Stecklinge – Die schnelle und günstige Alternative

Wer seine Lieblingspflanze besonders schätzt, kann sie ganz einfach vervielfältigen – durch Stecklinge. Das spart nicht nur Geld, sondern sichert dir auch exakt dieselben Eigenschaften: Robustheit, Ertrag, Aroma – alles bleibt wie beim Original.

Das ist der große Vorteil beim Klonen: Während sich Pflanzen, die aus einem Samen der gleichen Mutterpflanze entsprungen sind, zum Beispiel im Wuchsverhalten, Ertrag oder in der Qualität unterscheiden können, liefern Stecklinge exakt das gleiche Genmaterial. Besonders für Grower, die auf gleichmäßige Ergebnisse setzen, ist das Gold wert. Auch die Keimphase entfällt komplett – die neue Pflanze startet direkt im fortgeschrittenen Stadium.

Dadurch sparst du nicht nur Zeit, sondern hast auch Kontrolle. Du weißt genau, was dich erwartet. Kein Ratespiel beim Phänotyp, keine bösen Überraschungen – nur stabile Ergebnisse, wie du sie willst.

Phänotyp? Kann man das essen?

Lass es mich kurz erklären, da du mit dem Grow-Hobby wahrscheinlich noch öfter auf diesen Begriff stoßen wirst. Also pass auf: Du hast eine Packung Samen von deiner Lieblingssorte gekauft, sagen wir mal „Früchtejoghurt Tutti Frutti Melon Haze“. Die haben alle denselben genetischen Bauplan – den sogenannten **Genotyp**.

Aber wenn du sie im Zelt großziehst, merkst du: Sie sehen sehr wahrscheinlich alle nicht zu 100 % identisch aus.

- Pflanze A wächst irgendwie dünn und eintriebig.
- Pflanze B wird super buschig und kompakt.
- Pflanze C bekommt lila-violette Stiele und Blattansätze.

Genau dieses sichtbare Ergebnis, also wie die Pflanze wirklich aussieht, wie sie riecht, wie viel Ertrag sie bringt und welche Farbe sie hat, das ist der **Phänotyp**!

Kurz gesagt: Der Phänotyp ist die tatsächliche Erscheinung deiner Pflanze.

Den perfekten Steckling schneiden und bewurzeln

Ein idealer Steckling ist etwa zehn bis fünfzehn Zentimeter lang – robust, aber noch jung genug, um schnell neue Wurzeln zu bilden. Achte darauf, dass er mindestens drei Nodien, also Blattachseln, aufweist. Darin befindet sich nämlich alles, was der Steckling braucht, um sich etablieren zu können.

Für den Schnitt brauchst du ein scharfes, sauberes Werkzeug, wie ein Skalpell oder eine Rasierklinge. Eine scharfe Gartenschere oder eine normale Schere funktionieren auch. Merke dir nur: Je glatter der Schnitt, umso besser! Gerade bei Scheren, bei denen der Druck von beiden Seiten kommt und der Stiel dadurch gequetscht wird, ist das Risiko höher, dass die Bewurzelung des Stecklings erschwert wird.

Ein Tipp, den man häufig hört, ist der schräge Schnitt. Das vergrößert vor allem die Fläche, aus der die Wurzeln wachsen. Manche schälen auch im unteren Teil direkt an der Schnittfläche den Stiel ab, wodurch ein höheres Wurzelpotenzial entstehen soll. Ich habe natürlich alles Mögliche getestet und am Ende haben alle Varianten gut funktioniert. Aber sei nicht traurig, wenn es mal nichts wird, denn die Wahrscheinlichkeit einer gesunden Bewurzelung ist weit weg von einer hundertprozentigen Erfolgsquote.

Übrigens habe ich in einem Video Anfang 2025 gezeigt, dass man einen Seitentrieb auch einfach vom Haupttrieb abreißen kann. Gerade der Seitentriebansatz hat so viel qualitative Masse, dass dieser Punkt besonders attraktiv für eine Neubewurzelung ist. In diesem Test sind die Stecklinge, die ich abgerissen habe, mit Abstand deutlich stärker gewachsen als die anderen, klassisch genommenen Stecklinge.

Was gibt es da sonst noch zu beachten? Die unteren Blätter am Steckling werden entfernt, sodass nur an der Spitze des Stecklings ein paar Blätter übrig bleiben. Braucht der Steckling keine Blätter? Doch! Aber wie wir ja gelernt haben, wird über die Blätter eben auch Feuchtigkeit aus der Pflanze abtransportiert. Da dein Steckling am Anfang keine Wurzeln hat, ist die Wasseraufnahme natürlich sehr stark eingeschränkt. Also wollen wir vermeiden, dass über die Blätter mehr Feuchtigkeit abgegeben wird, als über die Pflanze aufgenommen werden kann.

Die besten Substrate und Hilfsmittel für Stecklinge

Nach dem Schnitt kommt das Bewurzelungshormon – als Gel oder Pulver, ganz wie du willst. Es sorgt dafür, dass an der Schnittstelle schneller Wurzeln entstehen. Danach ab ins Substrat: locker, luftig und leicht feucht.

Du fragst dich jetzt vielleicht, welches Substrat. „Kokos, Perlit, Steinwolle oder Erde – erlaubt ist, was funktioniert, oder?“ Ernsthaft? Jein! Das ist aber genau das, was man im Internet häufig liest. Das ist aber meiner Meinung nach kein Muss. Das sind die Überbleibsel aus vergangener Zeit, als man in dunklen Bunkern noch im großen Stil und vor allem mit möglichst hoher Effizienz seine Farm am Laufen halten wollte. Ebenso im kommerziellen Bereich, bei Produktionsfirmen und in der Medizinalproduktion etc. ist das der Standard.

Wir befinden uns hier aber in einem etwas einfacheren Umfeld: dem Homegrow. Also klar, wenn du Lust darauf hast, dich mit verschiedenen Substraten auszuprobieren, dann kannst du definitiv so vorgehen, aber da kann man die Kirche auch einfach mal im Dorf lassen und ganz natürlich – und vor allem ohne irgendwelche Spezialprodukte – seine Erfahrungen sammeln.

Freunde, jetzt wird es aber kritisch: Euer frisch geschnittener Steckling hat, wie eben besprochen, noch keine Wurzeln! Das heißt, er kann kein Wasser aktiv aus dem Medium ziehen.

Daher ist eine hohe Luftfeuchtigkeit – mindestens 80 % – euer bester Freund. Warum? Ganz einfach: Bei einer so hohen Luftfeuchtigkeit verliert der Steckling kaum Wasser über seine Blätter. Er braucht jetzt diesen Schutzschild. Im besten Fall so lange, bis die Wurzeln da sind und den Job der Wasseraufnahme übernehmen.

Pack dir den Steckling unbedingt unter eine Haube oder in eine durchsichtige Box. Regelmäßig sprühen hilft zusätzlich, diese lebenswichtige Feuchtigkeit zu halten und dem Austrocknen vorzubeugen. Wenn du alles richtig gemacht hast und dein Steckling mitspielt, kannst du nach ungefähr zehn bis vierzehn Tagen die ersten feinen weißen Wurzelspitzen sehen. Das ist der Moment, bei dem du innerlich jubeln kannst!

Manche Genetiken ballern schneller los, andere brauchen länger. Sobald du siehst, dass da ein richtig solides Wurzelsystem am Start ist und die Wurzeln das Medium gut durchdrungen haben, kannst du umtopfen. Wie gut dein Steckling gewurzelt hat, siehst du, wenn du entweder einen durchsichtigen Topf genommen hast oder die ersten Wurzeln unten aus den Abflusslöchern deines Topfes wachsen.

Durchsichtiger Topf mit Wurzeln (hier von einer meiner Gurkenpflanzen). Das Gerücht, dass durchsichtige Töpfe Wurzelkiller sind, stimmt einfach nicht. Sie sind besonders praktisch, um das Wurzelwachstum deiner Stecklinge zu beobachten.

Ab diesem Punkt ist dein ehemaliger Steckling eine ganz normale junge Pflanze, die richtig Gas geben kann. Und das Gute daran: Du kennst ihre Stärken und Schwächen ja bereits von der Mutterpflanze!

Die Wiederauferstehung im Biomüll

Ich hatte ein paar Stecklinge geschnitten, die ich direkt in Erde bewurzeln lassen wollte. Aber die wollten absolut nicht wurzeln. Irgendwie sahen die Stecklinge auch schon komisch aus. Kurzer Blick rein in die Töpfe und weg damit in meinen Reste-Eimer. In den Reste-Eimer kommt übrigens alles Mögliche rein. Gut eine Woche später wollte ich den Müll rausbringen und was sah ich da? Da schaute eine nach oben aufrecht zeigende Pflanze raus. Einer der totgeglaubten Stecklinge hatte im Eimer zwischen der Erde gewurzelt und sich gerade aufgerichtet. Zugegeben, die Pflanze war keine Schönheit, aber sie beweist eines: Die Natur kann mehr bewirken, als wir glauben. Manchmal ist ein bisschen „Dreck" und Ruhe besser als jedes teure Bewurzelungshormon aus dem Fachhandel.

Mit den Stecklingen einer starken Mutterpflanze kannst du von demselben Ertrag profitieren.

Blüte-Pannen vermeiden: So bleibt alles gesund

Typische Fehler in der Blütephase und wie du sie vermeidest

Die Blütephase ist der entscheidende Abschnitt im Leben deiner Pflanze. Deshalb will ich hier noch einmal darauf eingehen, auch wenn wir schon Teilbereiche der Blütephase besprochen haben. Ab jetzt geht es nicht mehr nur um Wachstum, sondern darum, Energie in kräftige Blüten zu stecken. Hier kann man es – genauso wie in den Phasen zuvor – locker angehen lassen, oder eben mehr Aufwand betreiben. Die Frage ist, was man will, und da du dir dieses Buch gekauft hast, gehe ich mal davon aus, dass du bereit bist, etwas mehr zu tun und auf ein paar Dinge mehr zu achten als der Otto Normalverbraucher.

Fehler in dieser Phase wirken sich oft schneller und heftiger aus als zuvor. Eine falsche Düngung, unausgewogene Lichtverhältnisse oder zu hohe Luftfeuchtigkeit – all das kann sichtbare Folgen haben. Was mit einem leichten Farbwechsel an den Blättern beginnt, endet im schlimmsten Fall mit faulenden Buds oder einem kompletten Ernteausfall. Wobei die Pflanze in diesem Stadium einige Veränderungen durchmachen wird, was sich natürlich auch unter anderem auf die Blattfarbe auswirken kann. Damit es aber nicht zu einem Komplettausfall kommt, lohnt es sich, die typischen Stolperfallen zu kennen und ihnen aus dem Weg zu gehen.

Nährstoffchaos: Blütenfäule, Mangelerscheinungen und Überdüngung

Während in der Wachstumsphase Stickstoff noch eine zentrale Rolle spielte, ändert sich – wie in den vorherigen Kapiteln bereits erwähnt – der Bedarf deiner Pflanze in der Blüte deutlich. Jetzt stehen vor allem Phosphor und Kalium im Fokus – die Nährstoffe, die kräftige und dichte

Wer die wichtigsten Faktoren rund um Nährstoffe, Licht und Luftfeuchtigkeit beachtet, kann sich über gesunde Pflanzen und eine reiche Ernte freuen.

Blüten fördern. Wer trotzdem weiter wie bisher düngt oder das Prinzip „viel hilft viel“ verfolgt, handelt sich rasch Probleme ein. Zu hohe Konzentrationen lagern sich im Substrat ab, greifen die Wurzeln an und behindern die Nährstoffaufnahme. Die Pflanze reagiert mit dunklem, fast speckigem Laub, verbrannten Spitzen und kümmerlichem Wachstum.

Gleichzeitig darf ein Mangel an wichtigen Elementen nicht unterschätzt werden. Blätter, die verblassen, sich kräuseln oder fleckig werden, deuten auf Ungleichgewichte hin. Vor allem ein Phosphormangel zeigt sich durch schwache, kleine Blüten. Wer seine Pflanze genau beobachtet, erkennt die Zeichen rechtzeitig und kann gegensteuern – mit Fingerspitzengefühl statt übertriebener Korrektur.

Falsche Schnitttechnik: Warum weniger manchmal mehr ist

Es kann verlockend sein, in der Blütephase zur Schere zu greifen und Ordnung zu schaffen. Doch gerade jetzt ist Vorsicht gefragt. Was in der Wachstumsphase noch sinnvoll war, kann in der Blüte kontraproduktiv wirken. Große Fächerblätter erfüllen wichtige Funktionen. Zwar kann es nötig sein, einige davon zu entfernen – etwa, wenn sie Licht blockieren oder Luft stauen –, doch entscheidend ist, dass du dabei behutsam vorgehst. Denn die Pflanze ist jetzt nicht mehr voll damit beschäftigt, Laub auszubilden, sondern konzentriert sich auf die Blüten. Was du jetzt wegschneidest, bleibt weg. Eine Ausnahme ist da natürlich das angepasste und mit Bedacht durchgeführte Entlauben, das in der Blütephase sinnvoll ist.

Ein zu massiver Rückschnitt auf einmal setzt deine Pflanze unter Stress. Gerade was den Schnitt der oberen Blüten angeht, empfehle ich dir: Finger weg! Im unteren Pflanzenbereich kannst du da etwas rabiater sein. Da hatten wir ja bereits das Thema Lollipopping und das Entfernen von Blättern und Trieben im unteren Drittel der Pflanze.

Lichtprobleme: Wenn die Beleuchtung nicht passt

In der Blütephase zählt Konstanz. Der 12/12-Rhythmus – zwölf Stunden Licht, zwölf Stunden Dunkelheit – hat sich bewährt. Aber schon kleine Störungen in der Dunkelphase können reichen, um deine Pflanze aus dem Takt zu bringen. Sie kann verwirrt reagieren, zurück in die Wachstumsphase springen oder die Blüte stoppen. Das Ganze kann sogar so weit führen, dass die Pflanze plötzlich anfängt männliche Pollensäcke zu bilden und sich selbst zu bestäuben. Das beeinträchtigt deine Ernte maßgeblich und kann auch alle anderen Pflanzen in deinem Grow nachhaltig schädigen. Es sei denn, du willst eine unkontrollierte Bestäubung und mit hoher Wahrscheinlichkeit schlechtes Saatgut ernten.

Auch die Lichtstärke ist entscheidend. Zu wenig Licht? Dann bleiben die Buds locker und schwach. Zu viel oder zu nah dran? Dann drohen Hitzeschäden und verbrannte Spitzen. Sehr starkes Licht – also zum Beispiel, wenn deine Pflanze zu nah an die Lampe herangewachsen ist –, beeinträchtigt die dortige Blütenbildung massiv! Die Folge sind eine lang gezogene, spitze Blütenbildung und alles andere als dicke, kompakte Buds.

Es lohnt sich also, nicht nur die Dauer, sondern auch Intensität, Position und Farbtemperatur der Beleuchtung im Blick zu behalten. Kleine Anpassungen können hier einen großen Unterschied machen.

An dieser Stelle noch ein, wie ich finde, richtig fetter Tipp:

Da du deiner Pflanze in der Blütephase im Regelfall 6 Stunden Licht entzogen hast – also von 18 Stunden auf nur noch 12 Stunden (bei photoperiodischen Pflanzen) –, entziehst du der Pflanze ein Drittel des Lichts. Um die geringere Lichtdauer zu kompensieren, empfehle ich dir, deine Pflanzenlampe in der Wachstumsphase niemals auf 100 % laufen zu lassen.

Warum? Die verringerte Lichtgabe von etwa 33 % kannst du jetzt mit der Lichtintensität wieder nachsteuern, indem du mit dem ersten Blütetag zwar 6 Stunden (also 33 %) weniger Licht gibst, aber dafür die Lampe um 33 % hochregelst. Damit kompensierst du die Lichtmenge, die deiner Pflanze durch die Umstellung entzogen wird, und beugt vor allem einem zu intensiven Stretch deiner Pflanze vor.

Luftfeuchtigkeit zu hoch: Schimmel als größter Feind

Blüten, die außen harzig und kompakt wirken, können innen bereits verfallen sein. Gerade gegen Ende der Blüte, wenn die Buds besonders dicht werden, steigt die Gefahr. Hohe Luftfeuchtigkeit schafft ideale Bedingungen für Pilzbefall. Schimmel verbreitet sich schnell und bleibt oft lange unentdeckt. Was man dann zuallererst sieht, sind plötzlich braun werdende Blattspitzen der Zuckerblätter an den Blüten. Was sichtbar wird, wenn du dir die Blüten genauer anschaust, sind braune oder fluffig graue Bereiche innerhalb deiner Blüten.

Optimal ist eine Luftfeuchtigkeit zwischen 40 und 50 %. Meiner Meinung nach kann die Luftfeuchtigkeit auch noch höher sein, aber da sollten die anderen Parameter – vor allem die Temperatur – auch stimmen. Die Luftfeuchtigkeit zu reduzieren, kann in manchen Fällen wirklich schwierig werden. Aber niemand will am Ende eine schimmlige Überraschung nach vielen Wochen Anbauzeit.

Damit das gelingt, braucht es konstante Luftbewegung und Aufmerksamkeit. Ein Ventilator sorgt für Bewegung, ein Luftentfeuchter und – noch viel wichtiger– ein Abluftsystem in deiner Growbox, unterstützen bei feuchtem Klima.

Regelmäßiges Lüften, eine kluge Platzierung der Pflanzen und ein wachsames Auge helfen, das Risiko auf ein Minimum zu senken. Wer hier vorausschauend handelt, schützt nicht nur die Blüten, sondern die gesamte Ernte.

Der Aktivkohlefilter der Firma *Vivosun* ist Teil meines Abluftsystems und sorgt für passendes Klima im Growzelt.

Bald geht's los: So bereitest du deine Ernte vor

Der richtige Zeitpunkt für die Ernte – Wann ist die Blütephase abgeschlossen?

Nach Wochen voller Pflege, Training und abgestimmter Nährstoffversorgung naht endlich der Moment, auf den viele Grower hinfiebern: die Ernte. Doch der richtige Zeitpunkt ist entscheidend. Wer zu früh schneidet, riskiert Blüten, die ihr Potenzial noch nicht entfaltet haben. Sie bleiben kleiner, weniger aromatisch und harzärmer. Wartet man hingegen zu lange, leidet die Qualität – die Buds wirken überreif und verlieren an Wirkung und Geschmack.

Ein besonders verlässlicher Hinweis sind die Trichome – winzige harzige Drüsen auf den Blüten, die unter dem Mikroskop wie glitzernder Raureif wirken. Anfangs sind sie klar, später milchig, am Ende bern-

Ein Zuckerblatt mit klaren/glasigen und milchigen Trichomen.

Diese photoperiodische Pflanze hat eine schöne lila Verfärbung und eine angeschwollene Blüte. Die Pistillen ziehen sich zurück und werden dunkler. Als Nächstes geht es in die finale Reifung der Trichome.

steinfarben. Der perfekte Moment liegt dazwischen: Rund 70 % sollten milchig sein und etwa ein Viertel beginnt, sich goldbraun zu färben.

Auch der äußere Eindruck gibt Aufschluss. Kompakte, feste Buds, deren weiße Härchen (Pistillen) sich zunehmend zurückziehen und dunkler werden, deuten darauf hin, dass der Reifeprozess abgeschlossen ist. Sind dagegen noch viele frische, weiße Härchen zu sehen, braucht die Pflanze vermutlich noch etwas Zeit.

Die letzten Wochen vor der Ernte – Wie du deine Pflanze optimal vorbereitest

Gegen Ende der Blüte geht es nicht mehr ums Wachstum. Jetzt zählt, wie sauber, aromatisch und wirkungsvoll das Endergebnis wird. Eine zentrale Maßnahme in dieser Phase ist das sogenannte Spülen oder „Flushen". Dabei wird auf Dünger verzichtet – die Pflanze bekommt nur noch reines Wasser. So werden Rückstände im Substrat ausgewaschen, was sich später positiv auf Geschmack und Rauchverhalten auswirkt.

Parallel sollte das Mikroklima angepasst werden. Harzige Blüten speichern viel Feuchtigkeit und sind dadurch anfällig für Schimmel. Eine relative Luftfeuchtigkeit unter 50 %, ständige Luftbewegung und gegebenenfalls zusätzliche Ventilatoren helfen, das Risiko zu minimieren. Jetzt ist Präzision gefragt – jedes Ungleichgewicht kann die Qualität beeinträchtigen.

Auch mit dem Licht lässt sich in dieser Phase noch arbeiten. Manche reduzieren die Beleuchtungszeit, um einen herbstlichen Reiz zu simulieren. Andere setzen vor der Ernte auf eine Phase völliger Dunkelheit. Ob wissenschaftlich belegt oder nicht – viele berichten von intensiveren Aromen und einem höheren Harzanteil durch diese Methode.

Übergang zur nächsten Phase – Ernte, Trocknung und Weiterverarbeitung

Wenn die Reife stimmt, geht es an den eigentlichen Schnitt. Ob die Pflanze als Ganzes geerntet oder in einzelne Zweige zerlegt wird, hängt von deinem Set-up ab – und von der geplanten Trocknung. Wichtig ist: Die Ernte sollte nicht gehetzt ablaufen. Vorbereitung spart später Stress.

Nach dem Schneiden folgt die Trocknungsphase – oft unterschätzt, aber entscheidend. Wer zu schnell trocknet, riskiert scharfen, kratzigen Rauch. Wer zu langsam vorgeht, öffnet Tür und Tor für Schimmel. Ideal ist ein dunkler Raum bei 18 bis 22 °C und einer Luftfeuchtigkeit von etwa 50 bis 60 %. In den ersten Tagen der Trocknung darf es auch gerne mal trockener sein, um ein schnelleres Abtrocknen der Blüten zu erreichen (und dem Schimmelrisiko vorzubeugen). Gute Luftzirkulation ist ein Muss. In dieser Phase entfalten sich Terpene und Aromen entwickeln sich – der Charakter der Blüte entsteht.

Beim „Curing“ reifen die Blüten luftdicht verschlossen weiter.

Sobald die äußere Schicht trocken ist und sich die Stiele leicht brechen lassen, beginnt das sogenannte „Curing". Dabei reifen die Blüten luftdicht verschlossen weiter, zum Beispiel in Gläsern. Zu Beginn wird täglich gelüftet, um Restfeuchtigkeit entweichen zu lassen. Mit der Zeit verfeinert sich das Terpenprofil. Der Geruch wird komplexer, der Rauch weicher. Wer diesen Schritt mit Geduld durchzieht, wird am Ende mit einem Ergebnis belohnt, das nicht nur technisch, sondern auch geschmacklich überzeugt.

Alles, was du vor der Ernte beachten kannst (nicht musst), findest du auch in diesem Video:

Ernte, Trocknung & Lagerung (ab Woche 12)

Story: Der menschliche Klebestreifen

Nach meiner ersten großen Ernte war ich stolz wie Oskar. Was ich nicht wusste: Frisches Harz ist der stärkste Kleber der Welt. Nach zwei Stunden Schnippeln ohne Handschuhe wollte ich mir kurz die Nase kratzen – schlechte Idee. Ich blieb fast kleben. Als ich dann versuchte, die klebrigen Finger mit Wasser und Seife zu waschen, wurde es nur noch schlimmer. Ich habe den restlichen Tag alles unfreiwillig festgehalten: die Fernbedienung, den Türgriff, das Fell meines Hundes (der fand das übrigens gar nicht lustig). Seitdem weiß ich: Ohne Handschuhe oder ein passendes Reinigungsmittel ernte ich nicht mehr – zumindest kein Cannabis!

Der perfekte Erntezeitpunkt: Wann ist es so weit?

Egal ob indoor oder outdoor – am Ende zählt nur eine Frage: Wann muss die Schere ran? Der Zeitpunkt entscheidet über alles. Zu früh geerntet bedeutet weniger Aroma und schwache Wirkung. Zu spät, und das High macht nur noch müde. Aber keine Panik: Deine Pflanze zeigt dir mit eindeutigen Signalen, wann sie bereit ist.

Trichome als Hauptindikator

Das verlässlichste Zeichen sind die Trichome – die kleinen, harzigen Kristalle auf den Blüten und Zuckerblättern. Hierin steckt die Power (Cannabinoide und Terpene). Mit einem Taschenmikroskop oder einer guten Lupe kannst du ihren Reifegrad an der Farbe erkennen:

Klare Trichome: Die Pflanze hat leicht milchige und viele klare Trichome und ist noch nicht fertig. Wenig Potenz, kaum Aroma. Finger weg!

Milchig-weiße Trichome: Jetzt ist der THC-Gehalt am höchsten. Die Wirkung ist aktivierend und euphorisch („Kopf-High“).

Bernsteinfarbene Trichome: Das THC baut sich langsam um. Die Wirkung wird körperlicher, drückender und entspannender („Couch-Lock").

Der Sweetspot: Die meisten Grower ernten, wenn fast alle Trichome milchig sind und etwa 10 bis 20 % ins Bernsteinfarbene wechseln. So bekommst du das Beste aus beiden Welten.

Blütenstruktur und Härchenfärbung

Auch ohne Lupe gibt es Hinweise. Achte auf die kleinen Härchen (Stempel) an den Blüten. Am Anfang sind sie weiß und stehen aufrecht. Zur Ernte hin verfärben sie sich orange bis dunkelbraun und kräuseln sich eng an die Blüte. Das ist aber, wie du vielleicht in meinen Videos gesehen hast, nicht immer so. Manche Genetiken zeigen auch leicht andere Merkmale.

Am Anfang sind die Härchen (Stempel) noch weiß und stehen aufrecht.

Faustregel: Wenn ca. 70 bis 80 % der Härchen braun sind, ist die Erntezeit meist gekommen. Aber es bleibt dabei: Der sicherste Weg ist und bleibt der Blick durch die Lupe oder ein Mikroskop.

Fühl auch mal (vorsichtig!) an den Blüten: Sie sollten sich jetzt fester und kompakter anfühlen, nicht mehr luftig. In den letzten Wochen legen viele Sorten hier noch mal ordentlich an Gewicht zu und sind deutlich „klebriger". Je nach Pflegezustand und Optimierung der Aufzucht deiner Pflanze kann die Blütenstruktur aber auch hier noch „fluffig" sein. Ein Qualitätsmerkmal für besonders erfolgreich angebaute Blüten sind die Größe und die Kompaktheit.

Blattveränderungen als weiteres Anzeichen

Gegen Ende der Blütezeit werden die großen Fächerblätter oft gelb und sterben ab. Häufig passiert das zu Beginn im unteren Bereich der Pflanze. Keine Sorge, deine Pflanze ist nicht krank – sie zieht nur die letzten Nährstoffreserven aus den Blättern, um sie in die Blüten zu pumpen. Das ist ein natürlicher Prozess, ähnlich wie die Laubfärbung im Herbst, und ein gutes Zeichen, dass du auf die Ziellinie zufährst. (Achtung: Bekommt deine Pflanze bereits früh in der Blüte gelbe Blätter, dann deutet das eher auf einen Mangel oder pH-Probleme hin.)

Einfluss der Sorte auf den Erntezeitpunkt

Auf der Samenpackung steht „in 8 Wochen Blütezeit"? Nimm das bitte nur als grobe Orientierung. In Videos habe ich das Ganze schon einige Male gezeigt. Wie schnell deine Pflanze wirklich ist, hängt vom Licht, der Temperatur und dem Stresslevel ab. Oft brauchen Pflanzen 1 bis 2 Wochen länger als angegeben, um wirklich reif zu sein. Vertrau lieber deinen Augen (und den Trichomen) als dem Kalender! Bei der *Purple Lemonade* in der Fastflowering-Version von *Fast Buds* war die Pflanze tatsächlich schon im September „fertig". Der Grow lief sogar outdoor und das war unfassbar gut, da die Wochen danach sehr kalt und nass waren. Gerade outdoor im Garten oder auf dem Balkon ist eine frühere Ernte vor dem düsteren Herbstwetter ein Segen!

Hier sah es anders aus. Im späten Herbst war diese Pflanze noch nicht erntereif, aber glücklicherweise noch nicht an Blütenfäule erkrankt. Ob das noch was wird?

Ernten wie ein Profi: Methoden & Tricks

Story: Mit 180 Puls an der Ampel

Was macht man, wenn man aus einem YouTube-Experiment zwei riesige, blühende Pflanzen übrig hat, aber die 50-Gramm-Grenze im Nacken sitzt? Richtig, man entsorgt sie – und zwar offiziell. Also: Pflanzen geschnappt und ab ins Auto. Eine auf den Beifahrersitz, eine in den Fußraum und ordnungsgemäß angeschnallt (Sicherheit geht vor!). Schon der Weg durchs Treppenhaus fühlte sich unter den Augen der Nachbarn an wie eine Szene aus „Catch Me If You Can".

Kaum saß ich im Wagen, verwandelte sich der Innenraum in eine rollende Growbox – man hat das gerochen. An der roten Ampel dann der Klassiker: Der Fahrer neben mir ließ das Fenster herunter und fragte nach dem Weg zum Krankenhaus. Ich, mit den zwei harzenden Monstern neben mir, versuchte so unauffällig wie möglich zu antworten, während mein Auto vermutlich eine Duftwolke wie ein jamaikanisches Festival hinter sich her zog.

Zu allem Überfluss meldete sich meine Blase. Ein kurzer Stopp auf einem Schotterparkplatz – natürlich genau dort, wo gefühlt alle Hundebesitzer der Stadt Gassi gingen. Beim Zurückkommen zum Auto fixierte mich ein Mercedes-Fahrer. Wir starrten uns gefühlte Ewigkeiten an, während wir parallel vom Parkplatz rollten. Hat er es gerochen? War er Fan? War das der örtliche Bezirksbeamte? Ich weiß es bis heute nicht, aber komisch hat es sich allemal angefühlt. Wie es übrigens weiterging, verrate ich dir später noch.

Was können wir daraus lernen? Cannabis im Auto zu transportieren, selbst zur Entsorgung, ist ein olfaktorisches Abenteuer. Fenster zu ist keine Lösung, Fenster auf aber irgendwie auch nicht.

Wenn der große Tag gekommen ist, stehst du vor einer wichtigen Entscheidung: Wie holst du die Damen aus dem Zelt oder dem Garten? Im Prinzip gibt es zwei gängige Methoden, und welche du wählst, hängt ganz von deiner Pflanze und deiner Geduld ab.

Variante 1: Die komplette Pflanze an einem Stück ernten. Hier machst du kurzen Prozess: Du kappst den Hauptstamm unten an der Basis und hängst die komplette Pflanze kopfüber zum Trocknen auf. Das ist die Methode für die Pragmatiker unter uns. Sie bietet sich vor allem dann an, wenn deine Pflanze sehr homogen gewachsen ist – also wenn die Blüten oben an der Spitze genauso reif aussehen wie die weiter unten. Das passiert oft bei kleineren Indicas oder wenn du deine Pflanze gut trainiert hast (z. B. mit LST), sodass überall gleich viel Licht hinkam. Der Vorteil: Alle Blüten trocknen im gleichen Tempo, und du hast weniger Kleinarbeit beim Aufhängen.

Variante 2: Die Teilernte. Sind wir mal ehrlich: Oft sieht die Realität anders aus. Oben brutzeln die Headbuds im Licht und sind fett und reif, während die Blüten in den unteren Etagen („Popcorn-Buds“) noch etwas blass und unterentwickelt im Schatten stehen. Hier ist die Teilernte eine gute Sache. Du schneidest im ersten Durchgang nur die oberen, fertig gereiften Triebe ab. Den unteren Teil der Pflanze lässt du einfach stehen! Jetzt, wo das „Dach“ weg ist, bekommen die unteren Blüten plötzlich volle Lichtpower. Gib ihnen noch eine Woche oder zehn Tage. Du wirst staunen, wie sehr diese Nachzügler noch an Masse und Harz zulegen, wenn sie plötzlich im Rampenlicht stehen. So holst du wirklich das Maximum aus jeder einzelnen Blüte heraus.

Die Glaubensfrage: Nass oder trocken trimmen?

Sobald die Pflanze liegt, beginnt die eigentliche Arbeit – das Maniküren (Trimmen). Hier scheiden sich die Geister in zwei Lager, und beide haben gute Argumente.

Team „Wet Trim“ (Nass-Schnitt):

Beim Nass-Trimmen entfernst du alle kleinen Zuckerblätter direkt nach der Ernte, solange die Pflanze noch frisch und saftig ist. Deshalb der Name Nass-Schnitt oder Wet-Trim.

Warum machen das viele? Es ist schlichtweg einfacher. Die frischen Blätter stehen prall ab und lassen sich kinderleicht wegschnippeln. Außerdem trocknen die nackten Blüten schneller, weil keine Blättermasse mehr Feuchtigkeit speichert.

Der größte Vorteil: Wenn du in einer Gegend wohnst, wo es sehr feucht ist (hohe Luftfeuchtigkeit im Trockenraum), ist das deine Lebensversicherung gegen Schimmel. Ein weiterer Vorteil: die Optik. Nass getrimmte Buds sehen nach dem Trocknen oft „wie gemalt" aus – perfekt rund und glatt. Das ist der klassische „Coffeeshop-Look".

Team „Dry Trim" (Trocken-Schnitt):

Hierbei schneidest du nur die großen Sonnensegel ab und hängst die Zweige mitsamt den kleinen Zuckerblättern zum Trocknen auf. Die Feinarbeit mit der Schere passiert erst nach dem Trocknen, wenn die Blätter knusprig sind.

Warum der Aufwand? Die Zuckerblätter legen sich beim Trocknen schützend um die Blüte. Das verlangsamt den Trocknungsprozess. Und beim Cannabis gilt fast immer: Langsamer ist besser!

Der Geschmackssieger? Durch die langsamere Trocknung bleiben mehr Terpene (Aromastoffe) erhalten. Das Gras riecht intensiver und der Rauch ist oft „smoother". Leute klagen weniger über das bekannte „Kratzen im Hals". Wenn du also keine Probleme mit zu hoher Luftfeuchtigkeit hast, ist das die Methode für Feinschmecker.

Erste Amtshandlung: Weg mit den Sonnensegeln

Egal, für welches Team du dich entscheidest – nass oder trocken –, ein Schritt ist immer gleich und sollte sofort passieren: Die großen Fächerblätter (Sonnensegel) müssen weg. Diese großen Blätter enthalten kaum Harz, schmecken furchtbar nach Heu und Chlorophyll und sind nichts weiter als unnötige Feuchtigkeitsspeicher. Außerdem bringen sie noch mal Risiko für eine zusätzliche Keimbelastung und Schimmel in deinen Trocknungsprozess. Nimm sie direkt nach dem Kappen der Pflanze ab. Du kannst sie oft einfach mit den Fingern am Stiel abknipsen, kannst sie je nach Gegebenheiten auch vom Stiel herunterbrechen oder grob mit der Schere entfernen. Wenn du sie dranlässt, riskierst du, dass sich Feuchtigkeitsnester bilden, die Schimmel einladen. Und Schimmel ist der Endgegner, den niemand auf den letzten Metern sehen will.

Sind die großen Blätter ab, hast du den ersten großen Meilenstein geschafft. Jetzt geht es ab in die Dunkelheit zur Trocknung.

Story: Selfie am Schredder

Hier geht es jetzt kurz weiter mit der Geschichte über mein Entsorgungs-Drama. Also, was ist dann passiert? Das Drama führte mich zum örtlichen Recyclinghof. Wer denkt, man wirft das einfach über den Zaun, irrt sich. Nach fünf Telefonaten und gefühlten Stunden in der Warteschleife („Haben Sie Bio-Müll oder Sondermüll?") durfte ich endlich vorfahren.

Ich erklärte den Mitarbeitern vor Ort die Situation: „Überschuss aus dem Eigenanbau, muss weg." Die Jungs hatten sichtlich Spaß an der Abwechslung im Arbeitsalltag. Der Schmunzler des Tages: Einer der Mitarbeiter schaute mich etwas genauer an: „Sag mal, hast du nicht auch diesen YouTube-Kanal?"

Da stehst du nun, willst deine Pflanzen vernichten, und landest mitten in einer lustigen Runde zwischen einem YouTuber, mehreren Recyclinghof-Mitarbeitern und einem heimlichen Fan. Wir haben dann ein Selfie gemacht, während wir anschließend gemeinsam die Pflanzen in den Container befördert haben. Ein seltsames Gefühl, seine mühsam gezüchteten Schätze im Müll zu sehen, aber immerhin war der Abgang ganz witzig.

Was habe ich von dieser Erfahrung mitgenommen? Gesetzestreue zahlt sich aus – und manchmal wird man beim Müllwegbringen sogar zu einer freundlichen Unterhaltung für eine Gruppe von Recyclinghof-Mitarbeitern. Stell dich nur darauf ein, dass die Jungs vom Entsorgungshof dich so schnell nicht wieder vergessen werden.

Trocknen & Fermentieren: So bleibt alles potent

Nach der Ernte beginnt einer der wichtigsten Schritte im gesamten Grow – das Trocknen. Wird hier nicht sauber gearbeitet, können Aroma, Wirkung und Konsistenz stark leiden. Wer sich wochenlang um seine Pflanzen gekümmert hat, sollte diesem Abschnitt besondere Aufmerksamkeit schenken.

Warum das richtige Trocknen entscheidend ist

Die Qualität der Blüten hängt unmittelbar mit dem Trocknungsprozess zusammen. Werden sie zu schnell getrocknet, verliert die Ernte an Potenz, Geschmack und Brennverhalten.

Cannabinoide wie THC und CBD brauchen ein stabiles Umfeld, um sich zu entwickeln und zu erhalten. Bei zu hohen Temperaturen oder zu schneller Trocknung können diese Wirkstoffe geschwächt werden. Auch Terpene – also die Aromaträger – reagieren empfindlich auf Hitze und Licht. Zu feuchte Blüten wiederum brennen schlecht und können kratzen. Zu trockene Blüten zerbröseln und schmecken oft flach.

Optimale Bedingungen für die Trocknung

Die ideale Trocknung braucht einen möglichst gleichmäßigen, kontrollierten Ablauf. Temperaturen zwischen 18 und 22 °C gelten als optimal. Darüber riskierst du Aromaverlust, darunter wird es schnell zu feucht – und das steigert die Schimmelgefahr.

Die Luftfeuchtigkeit sollte konstant zwischen 45 und 55 % liegen. Ist sie zu hoch, trocknen die Buds nicht richtig aus. Ist sie zu niedrig, geht es zu schnell und das Aroma leidet. Wichtig ist zudem ein leichter Luftstrom, der die Feuchtigkeit abführt – ohne die Blüten direkt anzublasen.

Wie und wo du deine Pflanzen am besten trocknest

Je nach Platz und Ausstattung bieten sich unterschiedliche Methoden an. Die klassische Variante ist das Trocknen ganzer Pflanzen am Hauptstamm, kopfüber aufgehängt. Dabei trocknen die Buds langsamer, was oft zu besserem Aroma führt.

Alternativ kannst du einzelne Blüten auf einem feinmaschigen Netz auslegen. Diese Methode spart Platz und sorgt für eine gleichmäßige Luftzirkulation. Die Pflanze trocknet dabei allerdings etwas schneller. Auch das Aufhängen einzelner Zweige an Kleiderbügeln in einem dunklen Raum ist eine einfache, aber effektive Lösung – solange du darauf achtest, dass die Buds nicht zu dicht beieinander hängen.

Licht sollte in jedem Fall vermieden werden, da es Cannabinoide abbaut und die Qualität mindert.

Wie lange dauert die Trocknung und woran erkennst du, dass die Blüten fertig sind?

Wenn du es richtig machst, dauert das Trocknen im Schnitt etwa 10 bis 14 Tage. Ja, ich weiß, das Warten nervt. Aber denk dran: Wir wollen Qualität, keinen Schnellfix.

Woher weißt du, wann der Zeitpunkt gekommen ist, die Blüten ins Glas zu packen? Hier hilft der berühmte Knack-Test: Nimm dir einen kleinen Seitentrieb und versuche, ihn zu biegen. Er biegt sich nur und ist elastisch? Finger weg, die brauchen noch! Da ist noch zu viel Wasser drin. Er bricht mit einem hörbaren „Knack“? Bingo! Deine Blüten sind trocken genug, um in die nächste Phase zu gehen.

Ach, und gleich gebe ich dir noch Produkt-Tipps, denn natürlich haben sich Firmen Gedanken darüber gemacht, wie man Growern bei der Trocknung helfen kann.

Richtig lagern, statt Gras zu verlieren

Nach der Trocknung ist deine Ernte noch nicht ganz fertig. Wer das Beste aus seinen Buds herausholen möchte, sollte sich jetzt Zeit fürs sogenannte *Curing* nehmen. Dabei entwickeln sich Aroma, Wirkung und Konsistenz weiter – und das auf bemerkenswerte Weise.

Warum frisch getrocknete Blüten noch nicht optimal sind

Hast du schon mal Gras geraucht, das gerade erst getrocknet war? Wahrscheinlich hast du gehustet, es hat gekratzt und hat irgendwie nach Bauernhof geschmeckt. Das liegt daran, dass im Inneren der Blüte noch Restfeuchtigkeit schlummert, auch wenn sie außen trocken wirkt. Außerdem ist da noch Chlorophyll (Pflanzengrün) drin. Wenn das nicht abgebaut ist, hast du den typischen Heu-Geschmack. Erst durch das Curing, also die langsame Reifung im Glas, baut sich das Chlorophyll ab, und der Rauch wird weicher und aromatischer.

Das richtige Behältnis wählen: Glas, Metall oder Kunststoff?

Worin lagern wir das Gold jetzt am besten?

Der Gewinner: Einmachgläser. Das gute alte Bügelglas ist fast unschlagbar. Es ist geschmacksneutral, luftdicht und du kannst deine Blüten von außen sehen. Aber Achtung: Es muss im Dunkeln stehen!

Der Verlierer: Plastik. Tupperdosen oder Ziplock-Beutel sind nicht die erste Wahl. Sie sind oft nicht 100 % dicht, statisch aufgeladen (Trichome bleiben kleben) und können Weichmacher abgeben. Trotzdem kannst du auch solche Behälter benutzen.

Die Alternative: Spezielle Edelstahl-Behälter sind auch super, aber teuer.

Fazit: Kauf dir ein paar ordentliche Einmachgläser mit Gummidichtung. Die sind gut und günstig.

Jetzt kommen wir zum zweiten wichtigen Teil, der sich auf den eigentlichen Prozess des Curings bzw. der Fermentierung konzentriert.

Die ersten Wochen der Lagerung: Wie oft lüften, wann verschließen?

Jetzt beginnt das Curing, beziehungsweise das Fermentierungsritual. Du packst die Blüten in den Behälter deiner Wahl (max. zu ¾ voll machen, sie brauchen Luft zum Atmen!). Die Restfeuchtigkeit aus dem Inneren der Blüten wandert nach außen in die Raumluft des Behälters. Wenn die Feuchtigkeit jetzt länger in dem Behälter bleibt und nicht rauskann, steigt das Schimmelrisiko.

Hier ist dein Fahrplan:

Woche 1: Jeden Tag oder allerspätestens alle 3 Tage das Glas für 15–30 Minuten öffnen. Lass deinen Behälter ein Bäuerchen machen. Schüttle das Glas vorher sanft, damit die Blüten nicht verkleben. Du wirst riechen, wie die feuchte Luft entweicht. Es kann sinnvoll sein, ein Mini-Hygrometer/Thermometer in deinen Behälter zu legen. Dann weißt du immer, wie die Bedingungen in dem Behälter sind.

Ein Mini-Hygrometer hilft dir dabei, die Bedingungen in deinem Behälter im Blick zu behalten.

Woche 2 & 3: Alle 2–5 Tage lüften reicht meistens aus. Die Blüten sollten sich trocken anfühlen, aber nicht wie Staub zerfallen.

Ab Woche 4: Nur noch gelegentlich öffnen zur Kontrolle. Der Prozess verlangsamt sich. Ich habe auch schon Gläser monatelang nicht geöffnet, ohne dass irgendetwas Schlimmes passiert ist.

Der Geruchs-Check: Am Anfang riecht es im Glas oft noch etwas nach Heu. Keine Panik! Wenn du brav lüftest, verschwindet das und der aromatische Cannabis-Geruch kommt mit voller Wucht zurück.

Fermentierung (Curing): Warum dieser Prozess für Geschmack und Qualität entscheidend ist

Die Fermentierung ist weit mehr als bloßes Lagern. Sie sorgt dafür, dass überschüssige Pflanzenstoffe abgebaut und die enthaltenen Aromen feiner und ausgewogener werden. Gleichzeitig verbessert sich das Brennverhalten, da sich die Restfeuchtigkeit gleichmäßiger im Inneren verteilt.

Normalerweise dauert die Fermentierung ungefähr 2–4 Wochen. Viele erfahrene Grower lassen ihre Blüten sogar über mehrere Monate reifen. Je länger du wartest, desto geschmeidiger, geschmacksintensiver und wirkungsvoller wird das Endprodukt.

Nach erfolgreicher Fermentierung sind deine Blüten bereit – ob für die langfristige Lagerung oder den ersten Genuss.

Die praktischen Helfer für deinen Trocknungs- und Veredelungsprozess

Hier ist der Abschnitt, den ich dir vorhin angekündigt habe: der Abschnitt mit den Produktempfehlungen. Hier ist für jeden Geldbeutel und Anspruch etwas dabei – von der Trocknungstüte bis hin zur High-End-Maschine.

1. Die genial-einfache Lösung: DryFerm Bags.

Du hast keine Lust, wochenlang jeden Tag Gläser auf- und zuzuschrauben und ständig Panik vor Schimmel zu haben? Dann sind die *DryFerm*

Bags das Richtige. Das sind spezielle Beutel mit einer Membran, die die Feuchtigkeit automatisch reguliert. Das bedeutet: Die Feuchtigkeit kann raus, aber das Aroma bleibt drin. Du packst deine Ernte rein, machst den Sack zu und wartest einfach ab.

Das Allerwichtigste: Die Feuchtigkeit kann nur raus, aber nicht rein. Ist die Feuchtigkeit außerhalb des Beutels hoch, also 60 % und höher, dann entweicht die feuchte Luft in der Tüte viel langsamer oder gar nicht mehr. Achte also darauf, dass die Luftfeuchtigkeit in dem Raum, in dem dein *DryFerm Bag* liegt, maximal 60 % aufweist – oder besser weniger als 60 %.

Mein Tipp: Hol dir dazu direkt den passenden *BagCloser*. Damit verschließt du die Tüten absolut luftdicht und sicher – kein Gefummel, kein Risiko.

Wo gibt's das? Die Teile bekommst du zum Beispiel direkt bei *muddiserde.de*. Eine kleine Investition, die dir viel Arbeit und Nerven spart. Das Beste daran? Du kannst eine Tüte mehrfach benutzen.

2. Dein Zelt kann mehr: Smarte Growboxen (z. B. Vivosun)

Warum in die Ferne schweifen, wenn das Gute so nah liegt? Deine Growbox ist der perfekte Trockenraum – wenn du sie richtig einstellst. Wichtig ist: Licht aus, Abluft an (auf kleiner Stufe) und Umluft, die nicht direkt auf die Blüten ballert. Wer es smart mag, greift zu modernen Steuerungen, wie dem *Vivosun GrowHub*. Viele dieser Systeme haben inzwischen voreingestellte „Drying-Modes". Das heißt: Du drückst auf einen Knopf, und die Box regelt Temperatur und Luftfeuchtigkeit automatisch so, dass deine Ernte schonend trocknet. Perfekt für alle, die die Kontrolle auch mal gerne abgeben wollen.

3. Der absolute Gamechanger 2026: Die VCure

Und jetzt haltet euch fest, denn hier kommt der Ferrari unter den Trocknungsgeräten. Seit Anfang 2026 auf dem Markt und für mich der absolute Hammer: *VCure* heißt das Gerät! Vergiss alles, was du über

Ein Growbox-Controller für die smarte Ansteuerung, Kontrolle und Einstellungsmöglichkeiten.

komplizierte Trocknung wusstest. Die *VCure* ist ein vollautomatischer Trocknungs-, Curing- und Aufbewahrungs-Automat.

Du legst deine frischen Blüten rein, stellst das gewünschte Programm ein und das Gerät erledigt den Rest.

Was macht das Ding? Es kontrolliert Temperatur, Luftfeuchtigkeit und sogar den „Wassergehalt“ im Inneren der Blüte in Echtzeit.

Das Ergebnis: Der Automat trocknet und fermentiert dein Gras perfekt auf den Punkt, ohne dass Terpene verloren gehen oder Schimmel eine Chance hat. Das ist Profi-Technik für zu Hause. Wer das Budget hat und absolute Perfektion will: Das ist euer Gerät. Tür auf, Ernte rein, Tür zu, Knopf drücken – und das war's!

Ich habe bereits mehrere Kilo darin getrocknet und natürlich auch die Stromkosten gemessen. Das Teil arbeitet wirklich so smart, wie die Hersteller es versprochen haben, und dadurch bleiben die Stromkosten

Deine Growbox eignet sich übrigens natürlich auch für jede Menge andere Pflanzen. Hier siehst du eine meiner Gurkenpflanzen. Nach einem Monat hat sie mit dem gewissen Gärtner-Know-how schon mehrere Gurken dran.

gering. Schau dir dazu gerne mein Video auf dem YouTube-Kanal an. Suche einfach auf der Plattform nach „VCure Pott Planter".

Besonders zu empfehlen ist auch die *VGrow* und das **Growbox-Komplettset** von *Vivosun*.

Diese CBD-Pflanze steht in der vollen Blüte und wurde von mir mit der *VGrow* rein organisch angebaut.

In diesem Video erfährst du mehr zu der Growbox und dem praktischen Komplettset:

Verantwortung im Umgang mit der Ernte

Real Talk: Verantwortungsvoller Umgang mit deiner Ernte.

Da stehen sie jetzt, deine Gläser sind gefüllt, das Curing läuft, und der Duft ist himmlisch. Du hast es geschafft! Doch genau an diesem Punkt müssen wir etwas ernster reden. Denn mit einer erfolgreichen Ernte kommt nicht nur Spaß, sondern auch eine ordentliche Portion Verantwortung auf dich zu.

Der größte Unterschied zum Kauf im Laden beziehungsweise in der Apotheke? Die Verfügbarkeit.

Wenn du früher vielleicht rationieren musstest, hast du jetzt plötzlich einen Vorrat, der länger reicht. Die Verlockung ist riesig, aus dem „Genuss am Wochenende" eine tägliche Gewohnheit zu machen. „Ist ja genug da", denkt man sich schnell. Aber genau hier lauert die Falle!

Die psychische Abhängigkeit – Die schleichende Gefahr

Cannabis macht körperlich kaum abhängig, aber psychisch kann es dich schneller erwischen, als es dir lieb ist. Die Gefahr ist nicht, dass du zitternd in der Ecke liegst, sondern dass du glaubst, den Alltag ohne Konsum nicht mehr so gut bewältigen zu können. Dass der Film nicht mehr witzig, das Essen nicht mehr lecker oder der Abend nicht mehr entspannt ist, wenn du nicht konsumiert hast.

Ein klassisches Beispiel: Die Schlaf-Falle.

Viele nutzen Cannabis als Einschlafhilfe. Und ja, es funktioniert oft fantastisch. Du rauchst oder verdampfst einen, fährst runter und schläfst wie ein Stein.

Das Problem: Wenn du das jeden Abend machst, gewöhnt sich dein Kopf daran. Dein Gehirn verlernt quasi, von allein in den Schlafmodus zu schalten.

Und dann passiert es: Das Glas ist irgendwann leer, oder du musst mal eine Pause machen (z. B. für einen Urlaub oder die Führerscheinprüfung). Plötzlich liegst du wach. Du wälzt dich hin und her, schwitzt, bist unruhig. Nicht unbedingt, weil dein Körper Entzug hat, sondern weil dein Kopf schreit: „Mir fehlt mein Ausschalter!"

Aus dem „Hilfsmittel" ist eine Krücke geworden, ohne die dir die Gewohnheiten plötzlich schwerer fallen.

Behalte die Kontrolle – nicht die Pflanze kontrolliert dich, sondern du sie!

Damit der Spaß am Growen und der Spaß beim Konsum sicher bleibt, hier ein paar Regeln für den „Homegrower-Kodex" – und nein, ich will dir keine Regeln aufstellen! Ich möchte nur, dass du von mir gehört hast, dass es da eben gewisse Dinge gibt, die du definitiv nicht außer Acht lassen solltest:

- Konsumiere bewusst. Frag dich vor dem Konsum: „Will ich das jetzt genießen wie ein gutes Glas Wein, oder will ich nur Langeweile, Stress oder Probleme betäuben?" Wenn es Letzteres ist: Lass es weg.
- Mach Pausen. Lege regelmäßig konsumfreie Tage oder Wochen ein. Das senkt deine Toleranz (du brauchst weniger Material für die gleiche Wirkung) und zeigt dir, dass du auch ohne Cannabis wunderbar klarkommst.

- Respektiere die Ernte. Du hast monatelang Arbeit in diese Pflanzen gesteckt. Verrauche sie nicht gedankenlos nebenbei. Mach den Konsum zu etwas Besonderem, nicht zu etwas Alltäglichem.

Du bist jetzt dein eigener Produzent. Das heißt, du bist auch dein eigener Aufpasser und dein eigener Jugendschutzbeauftragter. Geh sorgsam mit deinem Schatz um, lagere ihn sicher vor Kindern oder Haustieren und verliere nie den Respekt vor der Wirkung dieser Pflanze.

Genieß deine Ernte – aber immer mit Köpfchen!

Bonus-Kapitel: Profi-Tipps

Mutanten-Grow: Die krassesten Pflanzen-Mutationen

Manchmal schaust du ins Zelt und denkst dir: „Was zur Hölle wächst da eigentlich?“ Keine Sorge, du hast nicht zu viel geraucht. Manche Cannabispflanzen sehen so abgefahren aus, dass man zweimal hinschauen muss, um sie überhaupt als Hanf zu erkennen. Willkommen in der wunderbaren Welt der Mutanten! Boah, ich liebe dieses Thema einfach!

Das hier ist die Freakshow der Botanik. Diese Mutationen sind oft Launen der Natur oder Ergebnisse jahrelanger, verrückter Züchtung. Für den kommerziellen Anbau sind sie meistens eher uninteressant, weil sie oft weniger Ertrag bringen, aber für Homegrower sind sie das absolute Highlight. Sie sind selten, sie sind weird und sie machen verdammt viel Spaß. Ach, und manche Züchtungen sind ziemlich potent und nicht nur wegen der besonderen Form und Farbe gezüchtet, sondern auch speziell wegen der Aromen und der Potenz. Schauen wir uns die **drei bekanntesten Freaks** mal an.

Bevor wir loslegen, will ich das deutsche Züchter-Duo *TerpyZ* vorstellen. Die beiden Jungs haben eine Leidenschaft: verrückte Cannabis-Züchtungen. Wenn du nach Pflanzen suchst, die alle Regeln brechen, bist du in ihrem Onlineshop genau richtig.

Warum ich die Jungs so feiere? Weil sie mit echtem Herzblut dabei sind und die verrücktesten Genetiken auf ein neues Level heben. An den folgenden Bildern wirst du genau sehen, was ich damit meine.

1. Tarnung durch Mutation – Die ABC-Sorte

© TerpyZ – „ABC Dooligah OG F3"

© TerpyZ – „ABC Dooligah OG F3“

Stell dir vor, du pflanzt Cannabis in deinen Vorgarten und keiner merkt es. Klingt wie ein Traum? Mit der ABC-Sorte (*Australian Bastard Cannabis*) ist das tatsächlich möglich. Diese Mutation kommt ursprünglich aus Australien und sieht auf den ersten Blick aus wie wucherndes Unkraut oder Petersilie der besonderen Art. Die typischen „Hanf-Blätter“ fehlen fast komplett. Stattdessen hast du kleine, glatte, tropfenförmige und runde Blätter.

Der Vorteil: Perfekte Tarnung und wer nicht weiß, was das ist, läuft achtlos dran vorbei. Sogar Leute, die sich ein bisschen auskennen, werden es nicht bemerken.

Der Look: Kompakt, buschig und absolut unauffällig. Für Sammler und für die, die es unauffälliger wollen, ist eine ABC-Sorte der heilige Gral. Sie ist robust, hält was aus und ist der ultimative Beweis, dass Hanf ein Überlebenskünstler ist.

2. Die panaschierte Variante – Farben, die herausstechen

Eine typische panaschierte Variante mit verschiedenen Farbmustern.

Du willst Farbe im Zelt? Dann schau dir mal Pflanzen mit Variegation an. Hier spricht man auch von der sogenannten Panaschierung. Das ist eine Mutation, bei der den Blättern stellenweise das Chlorophyll fehlt. Das Ergebnis: Die Pflanze ist nicht nur grün, sondern hat weiße, gelbe oder cremefarbene Muster. Manche sehen aus wie mit Farbe bespritzt, andere haben „Half-Moon"-Blätter (halb grün, halb weiß). Das sieht unfassbar geil aus – fast schon wie eine tropische Zierpflanze. Während der Coronazeit haben besonders panaschierte Monsteras durch ihren Hype den Markt gesprengt. Tausende von Euro für eine kleine Pflanze! Was eben besonders aussieht und irgendwie seltener ist, ist auch direkt begehrter. Aber Achtung, diese Schönheit ist eine Diva!

© TerpyZ – „Variegated Sour GPP F2“

Der Haken: Die weißen Stellen können keine Photosynthese betreiben (kein Chlorophyll = keine Energie). Manche Panaschierungen – gerade die, die nicht schneeweiß sind – können zumindest etwas für die Pflanze arbeiten, aber eben nicht wie eine komplett grüne Pflanze. Deshalb wachsen diese Pflanzen oft langsamer und sind empfindlicher. Sie verzeihen Fehler schlechter als ihre grünen Schwestern.

© TerpyZ – „Variegated Sour GPP F2“

Zucht-Tipp: Solche Samen sind oft „regular“, also nicht feminisiert. Du musst also Lotto spielen und hoffen, dass eine weibliche Lady dabei ist. Aber für diesen Anblick lohnt sich der Aufwand allemal.

TerpyZ ist Meister darin, diese farbenfrohen Genetics stabil zu züchten. Wer Bock auf spektakuläre Farben im Zelt hat, wird hier glücklich. Im Jahr 2026 sollen sogar die ersten feminisierten Sorten released werden. Ich bin jetzt schon gespannt!

© TerpyZ – „Variegated Sour GPP F2“

3. Die farnartige Mutation – Sieht aus wie alles, nur nicht wie Hanf

„Was ist das denn bitte?“ Ja, das ist eine typische Reaktion, wenn Leute diese Pflanze sehen. Warum? Weil sie aussieht, als käme sie direkt vom Mars. Sorten wie die Mentha de Croco, die berühmte Freakshow oder Berry Freak haben Blätter, die eher an Farn oder Rucola erinnern als an Cannabis. Die Blätter sind tief eingeschnitten, fast fadenförmig und wuchern wild durcheinander. Ich finde, dass sie eine coole tropische Dschungel-Aura haben.

Der optische Effekt: absoluter Wahnsinn. Wenn du Besuch hast, wird niemand glauben, dass das Cannabis ist!

Der praktische Nutzen: Durch die vielen feinen Blätter ist die Pflanze extrem luftig. Schimmel hat es bei dieser Pflanze nicht so einfach, weil der Wind überall durchpfeifen kann. Zudem sind diese Sorten oft sehr robust.

Farnartige Mutation – hiervon gibt es mittlerweile verschiedene Kreuzungen.

Besonders die Metha de Croco von Terpyz ist ein absolutes Brett! Diese Sorte ist ein perfektes Beispiel für ihre Arbeit. Einzigartige Blattstruktur, robust wie ein Panzer und ein Terpenprofil, das mit frischen Menthol-Noten um die Ecke kommt. So was hast du selten im Glas. Durch die aufgefächerte Blattform ist sie weniger anfällig für Pflanzenkrankheiten und darüber hinaus drückt sich das Licht viel besser durch die Pflanze bis ganz unten, sodass sogar die unteren Blüten noch Licht erhalten, ohne dass du großartig Blätter entfernen musst.

© TerpyZ – „Fern Mentha de Croco Bx1 F2"

© TerpyZ – „Fern Mentha de Croco Bx1 F2“

© TerpyZ – „Raptor Mentha de Croco Bx1“

© TerpyZ – „Raptor Mentha de Croco Bx1“

Meine *Mentha de Croco* von *TerpyZ* mit wunderschönen Blättern, wie man es so von Cannabis nicht gewohnt ist – eine schöne Abwechslung.

Anfängliche Blütephase der Cannabis-Mutation *Mentha de Croco* von *TerpyZ*.

Also, wenn ihr mal etwas anbauen wollt, das garantiert nicht jeder im Zelt stehen hat: Checkt TerpyZ aus.

Fazit – Mutation oder Kultivation?

Solltest du dir einen Mutanten ins Zelt holen? Wenn du nur auf maximalen Ertrag in kürzester Zeit aus bist: wahrscheinlich eher nicht. Aber wenn du Spaß am Gärtnern hast, etwas Besonderes suchst und eine Pflanze willst, die garantiert für Gesprächsstoff sorgt – dann auf jeden Fall! Mutanten sind das Salz in der Suppe des Growers. Aber pass auf, wo du kaufst: Echte Mutanten-Genetik ist selten und oft schnell vergriffen. Wenn du Samen von einer speziellen Genetik findest, die dir richtig gut gefällt: Schlag zu!

Mehr zu seltenen und krassen Pflanzen-Mutationen findest du übrigens hier:

Die besten Strains für Anfänger bis Profis

Jede Pflanze hat ihre eigenen Bedürfnisse – und Cannabis ist da keine Ausnahme.

Doch wenn du einmal den richtigen Strain für dich gefunden hast, wird der Anbau deutlich entspannter. Während einige Sorten quasi von selbst wachsen und fast alles überleben, gibt es andere, die jede kleinste Abweichung vom Ideal sofort mit Wachstumsproblemen bestrafen. Deshalb lohnt es sich, vorab zu überlegen, was du dir selbst zutraust. Willst du eine pflegeleichte Pflanze oder eine anspruchsvolle Diva mit maximalem Ertrag?

Hier bekommst du eine Übersicht über die besten Sorten für Anfänger und Fortgeschrittene, inklusive ihrer besonderen Eigenschaften und worauf du achten solltest.

Anfängerfreundliche Sorten – Robust, pflegeleicht und stressfrei

Wer noch keine Erfahrung mit dem Anbau hat, sollte sich für einen unkomplizierten Strain entscheiden. Diese Sorten verzeihen kleinere Fehler, sind resistenter gegen Schädlinge und Krankheiten und wachsen auch dann gut, wenn nicht jedes Detail perfekt stimmt.

1. Northern Lights

Der Panzer unter den Cannabispflanzen. Northern Lights ist ein absoluter Klassiker und quasi unzerstörbar.

Warum für Anfänger? Sie bleibt schön kompakt (perfekt für kleine Zelte), riecht oft nicht ganz so penetrant wie andere und ist extrem widerstandsfähig gegen Schädlinge. Aber Achtung: Die Blüten können schimmelanfälliger sein, wenn sie groß und kompakt wachsen. Achte also auf jeden Fall auf genug Umluft und darauf, dass in der finalen Blütephase Temperatur und Luftfeuchtigkeit passen.

Der Vibe: Ein entspanntes Indica-Brett, das dich zuverlässig in die Couch drückt.

2. White Widow

Der Name ist bekannt. In den 90ern war sie die Königin der Coffeeshops, und sie ist bis heute ein Liebling.

Warum für Anfänger? Sie wächst schnell, ist robust wie Unkraut und liefert verlässlich ab. Auch wenn das Wetter draußen mal mies ist oder du im Zelt Temperaturschwankungen hast – die „Weiße Witwe" nimmt es gelassen.

Der Vibe: Stark, harzig und gesellig.

3. Blueberry (moderne Kreuzungen)

Du willst etwas, das nicht nur knallt, sondern auch schmeckt wie ein Obstkorb? Dann ist die Blueberry dein Einstieg in die Welt der Gourmets.

Warum für Anfänger? Trotz ihres exotischen Geschmacks ist sie überraschend pflegeleicht. Sie verträgt auch mal kühlere Nächte (dann wird sie oft wunderschön lila/blau) und ist ein robuster Allrounder – zumindest, wenn es eine modernere Kreuzung ist. Die alte klassische Sorte ist eher eine Diva.

Der Vibe: Fruchtig, süß und sehr entspannend.

Kann eine Cannabisblüte schöner sein? Hier zu sehen: meine *Purple Lemonade* von *Fast Buds.* Ich würde sagen, der Name ist Programm.

4. Auto-Varianten von Skunk oder Critical

Wenn du wirklich möglichst wenig Aufwand willst, sind Autoflower-Strains meiner Meinung nach die beste Wahl. Gerade dann, wenn du outdoor anbauen und möglichst schnell ernten willst. Sie brauchen keinen bestimmten Lichtzyklus, blühen automatisch nach wenigen Wochen und sind insgesamt weniger anspruchsvoll. Besonders Skunk Auto und Critical Auto sind extrem robust und liefern auch bei Anfängern gute Ergebnisse. Ich empfehle auch immer die Automatic-Sorten von *Fast Buds*. Meine Favoriten, gerade wenn es einfach sein soll: Banana Purple Punch, Guava, Cherry Cola oder die Gorilla-Automatic-Sorten.

Strains für Fortgeschrittene – Hohe Erträge, anspruchsvolle Pflege

Wer bereits Erfahrung im Anbau hat und das Beste aus seiner Pflanze herausholen möchte, kann sich an etwas anspruchsvollere Sorten wagen. Diese Strains brauchen oft ein gezielteres Nährstoffmanagement, reagieren empfindlicher auf Veränderungen und verlangen eine kontrollierte Umgebung. Aber wer bereit ist, sich intensiv mit der Pflanze zu beschäftigen, wird mit besonders hohen Erträgen und erstklassiger Qualität belohnt.

1. Amnesia Haze

Diese Sorte liefert unglaubliche Erträge, braucht aber auch ihre Zeit. Amnesia Haze ist bekannt für ihre lange Blütezeit, die bis zu 12 Wochen dauern kann. Zudem ist sie etwas empfindlicher, wenn es um Temperatur und Feuchtigkeit geht. Wer sich jedoch nicht scheut, die Pflanze regelmäßig zu kontrollieren, bekommt als Belohnung eine der stärksten und aromatischsten Sativas auf dem Markt.

2. Sour Diesel

Ein Strain mit hohem Sativa-Anteil, der für sein intensives Aroma und seine belebende Wirkung bekannt ist. Sour Diesel kann riesig werden und liebt viel Licht und Platz. Sie benötigt eine sorgfältige Kontrolle der Nährstoffe und reagiert empfindlich auf Temperaturschwankungen – also nichts für Grower, die einfach nur laufen lassen wollen.

3. Gorilla Glue #4

Dieser Strain ist perfekt für erfahrene Grower, die auf maximale Harzproduktion aus sind. Gorilla Glue #4 produziert unglaublich dichte, klebrige Blüten, braucht dafür aber ein konstantes Klima mit optimaler Luftzirkulation. Wenn die Luftfeuchtigkeit zu hoch ist, kann es schnell zu Schimmel kommen. Daher sollte man hier genau auf die Bedingungen achten.

4. Purple Kush

Eine wunderschöne Indica, die bei kühleren Temperaturen ihre berühmte lila Färbung entwickelt. Aber Achtung: Purple Kush ist anspruchsvoll, wenn es um Nährstoffe und Bewässerung geht. Sie reagiert empfindlich auf Überdüngung und braucht eine sorgfältige Handhabung, um ihr volles Potenzial zu entfalten. Wer sich jedoch gut um sie kümmert, wird mit einer einzigartigen Optik und intensiven Aromen belohnt.

Fazit – Die richtige Sorte für dein Level

Die Wahl der richtigen Sorte macht den Unterschied zwischen einem entspannten Grow und einer nervenaufreibenden Herausforderung. Anfänger sollten mit robusten Sorten starten, während erfahrene Grower mit Amnesia Haze oder Gorilla Glue #4 auf ein neues Level kommen können.

Egal, für welchen Strain du dich entscheidest, am Ende zählt vor allem, dass du Spaß am Anbau hast und aus jedem Grow dazulernst.

Wieso wächst meine Pflanze nicht?!

Kennst du das? Man gibt sich Mühe, hat sich vorher informiert, alles schön vorbereitet – und trotzdem will die eigene Pflanze einfach nicht so wachsen, wie sie sollte.

Du scrollst durch Instagram, siehst diese riesigen Monster-Pflanzen mit armdicken Stämmen, schaust dann in dein Zelt – und da steht ein trauriger kleiner Stängel, der aussieht, als hätte er die Lust am Leben verloren. Warum wachsen bei den anderen Dschungel und bei dir nur Bonsais? Bevor du jetzt den Dünger-Hersteller verklagst oder deinen grünen Daumen für tot erklärst: Ruhig Blut!

Langsames Wachstum ist der Klassiker unter den Grower-Problemen. Die gute Nachricht: Meistens liegt es an einem ganz simplen Fehler, den du schnell beheben kannst. Gehen wir auf Spurensuche.

Ist langsames Wachstum wirklich ein Problem?

Kurz vorweg: Wenn du Zeit hast, ist eine kleine Pflanze kein Drama. Aber wenn wir ehrlich sind: Wir wollen Ertrag. Kleine Pflanze = kleine Blüten = wenig Ernte und oft auch schlechtere Aromen, bei denen die Qualität nicht passt. Und wir machen das hier ja nicht, um am Ende drei Gramm minderer Qualität zu ernten. Also, woran liegt's?

Die häufigsten Gründe für schlechtes Pflanzenwachstum

Licht – Ist das genug oder zu wenig?

Das Gaspedal im Auto ist das Licht in der Growbox. Zu schlechtes oder zu wenig Licht bedeutet, dass die Pflanze nicht Gas geben kann. Ohne Licht keine Photosynthese, ohne Photosynthese kein Wachstum. Punkt.

Gründe für schlechtes Wachstum sind also:

1. Zu wenig Power: Hast du die Billig-Lampe gekauft? Die reicht vielleicht für Kresse, aber nicht für Cannabis. Zumindest nicht, wenn du vernünftige Ergebnisse erzielen willst. Wenn deine Pflanze spargelt (sich lang und dünn zum Licht streckt), schreit sie förmlich nach mehr Power.

2. Zu weit weg: Hängt die Lampe unter der Zeltdecke? Bring sie näher ran! Aber Vorsicht: Hand-Test machen! Wird es deiner Hand zu heiß, ist es auch der Pflanze zu heiß.

Mit vernünftigen Vollspektrumlampen um die 100 Watt kannst du tolle Pflanzen heranziehen.

Nährstoffe – Mehr ist nicht immer besser

Das Thema Dünger ist der klassische Anfängerfehler Nummer eins. Viele meinen es zu gut und kippen nach dem Motto „Viel hilft viel" alles in den Topf, was die bunte Flasche hergibt. Doch Pflanzen funktionieren nicht wie Mastgänse. Natürlich brauchen sie Nährstoffe. Ein Mangel an Stickstoff sorgt zum Beispiel für blasse Blätter und Wachstumsstopp. Aber viel häufiger ist das Gegenteil der Fall: Eine Überdüngung strapaziert die Pflanze. Die Wurzeln verbrennen und können auf Dauer gar kein Wasser mehr aufnehmen. Das Ergebnis ist eine Pflanze, die trotz (oder gerade wegen) der vielen Nährstoffe verkümmert. Bevor du also zur Düngerflasche greifst, prüf kritisch: Hat sie wirklich Hunger, oder ist sie vielleicht schon „überfressen"?

Wasser – Richtig gießen will gelernt sein

Falsches Gießverhalten hat schon mehr Pflanzen auf dem Gewissen als jeder Schädling und ist die Todesursache Nummer eins bei Homegrowern! Hier gibt es zwei Extreme. Die „Helikopter-Eltern", die aus Angst vor Trockenheit jeden Tag ein Schlückchen gießen, sorgen für dauerfeuchten Boden. Das Problem dabei: Wurzeln brauchen Sauerstoff! Stehen sie ständig im Wasser, ersticken sie und fangen an zu faulen. Eine Pflanze mit Wurzelfäule wächst keinen Millimeter mehr. Auf der anderen Seite steht das „Wüsten-Szenario“: Wer seine Pflanze regelmäßig komplett austrocknen lässt, stresst sie unnötig. Die feinen Wurzelhaare sterben ab, und die Pflanze muss erst Energie in die Reparatur stecken, bevor sie wieder wachsen kann. Die goldene Regel lautet daher: Seltener gießen, aber dafür richtig durchdringend, und den Topf dann wieder leichter werden lassen. Eine Mulchschicht hilft dabei, die Feuchtigkeit länger im Topf zu halten.

Temperatur und Luftfeuchtigkeit – Das richtige Klima zählt

Deine Pflanze hat eine Wohlfühltemperatur, genau wie du. Ist es im Zelt oder Garten brüllend heiß (über 30 °C), schaltet die Pflanze in den Überlebensmodus. Sie schließt ihre Poren, um Wasser zu sparen, und stellt das Wachstum komplett ein. Ist es hingegen zu kalt (unter 18 °C), verlangsamt sich der gesamte Stoffwechsel. Die Pflanze wächst quasi in Zeitlupe. Auch die Luftfeuchtigkeit spielt mit rein. Ist die Luft staubtrocken, leiden besonders junge Pflanzen. Ist sie tropisch feucht, können sie nicht mehr richtig transpirieren. Versuche also, die Bedingungen konstant im „Sweetspot“ zwischen 22 und 28 °C zu halten.

Der richtige Topf und Boden – Die Basis muss stimmen

Man vergisst leicht, dass das Wichtigste unter der Erde passiert. Die Wurzelzone ist das Herzstück. Wenn du versuchst, eine Hanfpflanze in einem winzigen Joghurtbecher großzuziehen, wird sie zwangsläufig klein bleiben – einfach, weil die Wurzeln keinen Platz mehr haben („Rootbound“). Genauso wichtig ist die Erde selbst. Billige Blumenerde vom Discounter ist oft viel zu fest und lehmig. Wenn du gießt, verdichtet sie sich zu einer Art Betonklotz. Die zarten Wurzeln kommen da kaum durch, und Wasser staut sich. Investiere in gute, luftige Grow-Erde und gönn deinen Damen ausreichend große Schuhe (Töpfe), damit sie sich entfalten können.

Fazit – Wie bringst du deine Pflanze wieder auf Kurs?

Wenn mit deiner Pflanze nicht mehr wirklich was passiert, verfalle nicht in Panik. Langsames Wachstum hat immer einen Grund, und meistens ist es eine Kombination aus den oben genannten Punkten. Geh systematisch wie ein Detektiv vor: Hängt die Lampe richtig? Ist der Topf schwer oder leicht? Ist es zu kalt im Raum? Die gute Nachricht ist: Hanf ist unglaublich zäh (deswegen wird es ja „Weed", also Unkraut, genannt). Sobald du den Fehler findest und abstellst – sei es durch Umtopfen, mehr Licht oder weniger Wasser –, erholen sich die Pflanzen oft erstaunlich schnell und legen wieder los. Also: Kopf hoch, Fehler suchen, wachsen lassen und beim nächsten Mal besser machen.

FAQ: Fragen, die sich jeder Grower stellt

Egal, ob du zum ersten Mal anbaust oder schon ein paar Ernten hinter dir hast – manche Fragen kommen immer wieder. Einige tauchen gleich zu Beginn auf, andere erst mit mehr Erfahrung. Damit du nicht lange suchen musst, findest du hier Antworten auf die häufigsten Fragen rund um den Anbau.

Wann ist der beste Zeitpunkt, um Cannabis anzubauen?

Das hängt davon ab, ob du drinnen oder draußen anbaust. Indoor kannst du das ganze Jahr über starten, solange du die Bedingungen kontrollierst. Outdoor beginnt die Saison in Mitteleuropa meist im April oder Mai, je nachdem, wie mild der Frühling ist. Wichtig ist, dass es nachts nicht mehr friert und die Pflanzen ausreichend Lichtstunden bekommen.

Darf ich Cannabissamen mit der bloßen Hand anfassen?

Das Gerücht hält sich hartnäckig, man müsse alles steril behandeln – von der Arbeitsfläche bis zum Wasser. Die Wahrheit ist entspannter: Du kannst deinen Samen ruhig mit der bloßen Hand anfassen. Ich selbst habe sie in ganz normale Komposterde gesteckt, mit Regenwasser aus der Tonne gegossen und mit Töpfen gearbeitet, die sicher nicht desinfiziert waren. Funktioniert trotzdem wunderbar.

Wann ist der richtige Moment, um den gekeimten Samen in die Erde zu setzen?

Sobald sich die Wurzel zeigt, ist der Samen bereit. Alles zwischen der ersten Öffnung und einer Wurzellänge von zwei Zentimetern ist völlig in Ordnung. Ab dann kann er in einen kleinen Topf mit Erde. Aber Achtung: Ist die weiße Wurzel schon so lang wie ein Fingernagel, besteht ein großes Risiko, dass sie dir abbricht. Also Vorsicht bei der Handhabung!

Kann ich durchsichtige Plastiktöpfe verwenden?

Ja, das geht ohne Probleme. Auch wenn es unlogisch erscheinen mag, beeinträchtigt Licht an den Wurzeln das Wachstum nicht spürbar – auch wenn die gängige Internetmeinung eine andere ist. Ich habe viel ausprobiert, und die Pflanzen wachsen in transparenten Töpfen genauso gut wie in klassischen Behältern.

Wie erkenne ich, ob meine Pflanze männlich oder weiblich ist?

Nur weibliche Pflanzen bilden die Blüten, die du haben willst. Männliche entwickeln kleine Pollensäcke, die wie winzige Kugeln an den Verzweigungen sitzen. Weibliche Pflanzen dagegen zeigen feine Härchen, die aus den Kelchen wachsen. Das Geschlecht wird meist zwei bis vier Wochen nach Beginn der Blütephase sichtbar.

Wie oft muss ich gießen?

Gieße erst, wenn die obere Erdschicht trocken ist. Cannabis mag es nicht, dauerhaft nasse Füße zu haben. Stecke einfach den Finger ein paar Zentimeter tief in die Erde – fühlt sie sich noch feucht an, warte noch. Du kannst auch das Gewicht des Topfes prüfen: Wenn er sich leicht anfühlt, ist es Zeit zum Gießen.

Welches Licht eignet sich am besten für Indoor-Grows?

LEDs sind aktuell der Standard. Sie verbrauchen wenig Strom, geben kaum Wärme ab und lassen sich gut auf die Wachstumsphasen anpassen. Alternativ kannst du mit Natriumdampflampen arbeiten, besonders in der Blütephase. Allerdings musst du dann auch für ausreichende Kühlung sorgen.

Braucht meine Pflanze unbedingt Dünger?

Ja, aber mit Maß. In der Wachstumsphase ist Stickstoff besonders wichtig, während in der Blüte Phosphor und Kalium dominieren. Wer auf Bio setzt, kann mit Kompost, Wurmhumus oder Guano düngen. Bei mineralischen Düngern musst du genau dosieren, denn eine Überdüngung richtet schnell mehr Schaden als Nutzen an.

Wie lange dauert es bis zur Ernte?

Das hängt von der Sorte ab. Autoflower sind oft nach acht bis zehn Wochen bereit. Photoperiodische Pflanzen brauchen in der Regel drei bis vier Monate. Sativa-Sorten blühen meist länger als Indicas, liefern aber oft auch einen intensiveren Effekt.

Was kann gelbe Blätter verursachen?

Dafür gibt es viele mögliche Gründe. Ein häufiger Auslöser ist Nährstoffmangel, vor allem Stickstoff. Aber auch Überwässerung, Trockenheit oder ein falscher pH-Wert können dafür verantwortlich sein. Falls nur die unteren Blätter betroffen sind, ist es in den meisten Fällen der klassische Stickstoffmangel. Aber Vorsicht: Bevor du die Pflanze mit Dünger zukippst, kannst du ja mal den pH-Wert checken. Wenn der Boden zu sauer oder zu basisch ist, steht deine Pflanze vor einem vollen Kühlschrank und bekommt die Tür nicht auf. Also, wenn es nicht besser wird, unbedingt mal den pH-Wert messen.

Wie verhindere ich Schimmel auf den Blüten?

Schimmel entsteht, wenn die Luftfeuchtigkeit zu hoch ist und sich in den dichten Blüten Wasser sammelt. In der Blütephase sollte die Luftfeuchtigkeit bei 40 bis 50 % liegen. Achte auf Luftbewegung – ein Ventilator hilft, Feuchtigkeit abzutransportieren. Auch nach der Ernte ist es wichtig, die Blüten langsam und kontrolliert zu trocknen, um Schimmel zu vermeiden.

Wann ist der ideale Erntezeitpunkt?

Schnapp dir ein Taschenmikroskop und schau dir die Trichome an – also die glitzernden Harzköpfe. Wenn sie aussehen wie trübes Glas (milchig), ist das Level des eingelagerten THCs am höchsten. Wenn sie anfangen, bernsteinfarben zu werden, geht die Reise Richtung „Couchlock". Der Effekt beim Konsumieren wird beruhigend und sedierend. Die Faustformel für den perfekten Erntezeitpunkt ist, wenn etwa 70 % der Trichome milchig, 15 % bernsteinfarben und 15 % klar sind.

Was ist Curing und warum ist es wichtig?

Beim Curing reifen die Blüten nach dem Trocknen weiter. Du lagerst sie luftdicht in Gläsern und lüftest regelmäßig. Dabei werden überschüssige Feuchtigkeit und Chlorophyll abgebaut – das verbessert Geschmack und Wirkung deutlich. Zwei bis vier Wochen sind ideal, manchmal auch länger. Geduld lohnt sich hier wirklich.

Wie lagere ich meine Ernte richtig?

Am besten in dunklen, luftdichten Gläsern, kühl und trocken. Ideal sind 15 bis 20 °C. Licht und Wärme lassen Cannabinoide schneller abbauen, also lieber nicht ins Regal am Fenster stellen. *Boveda-Packs* helfen, die Luftfeuchtigkeit konstant zu halten und Schimmel zu verhindern.

Muss ich meine Pflanze toppen oder trainieren?

Nicht zwingend, aber es lohnt sich oft. Techniken wie Topping, LST oder Lollipopping helfen, mehr Licht ins Innere der Pflanze zu bringen und das Höhenwachstum zu kontrollieren. Besonders indoor ist das nützlich, wenn die Pflanze sonst zu nah an die Lampe kommt.

Meine Pflanze wächst einfach nicht – was jetzt?

Bevor du aufgibst, geh alles noch einmal durch: Hat die Pflanze genug Licht? Wurde sie richtig gegossen? Stimmt die Nährstoffzufuhr? Ist der pH-Wert im grünen Bereich? Und wie sieht's mit der Luftzirkulation aus? Wenn einer dieser Punkte nicht passt, kann das Wachstum deutlich gehemmt sein.

Fazit – Es gibt keine dummen Fragen

Ob du gerade anfängst oder schon mittendrin bist – Unsicherheiten gehören dazu. Wichtig ist nur, dass du genau hinsiehst. Deine Pflanze zeigt dir meistens, was sie braucht. Wenn du aufmerksam bleibst und dich langsam herantastest, wirst du mit jeder Ernte sicherer. Und falls du mal nicht weiterkommst – es gibt genug Leute, die dir gerne weiterhelfen.

Mini-Glossar: Die wichtigsten Begriffe für Anfänger

Beim Anbau von Cannabis tauchen viele Begriffe auf, die für Anfänger oft verwirrend sind. Hier bekommst du eine einfache und verständliche Erklärung der wichtigsten Konzepte.

Autoflower (Autoflowering-Pflanze)

Eine Cannabissorte, die automatisch nach einer bestimmten Zeit in die Blüte geht, unabhängig vom Lichtzyklus. Ideal für schnelle Ernten, erfordert aber einen fehlerfreien Start, da die Pflanze keine Zeit für die Erholung von Stress hat.

Blütephase

Die Phase, in der die Pflanze aufhört zu wachsen und beginnt, Blüten zu bilden. Diese wird durch den Lichtzyklus (bei photoperiodischen Pflanzen) oder das Alter der Pflanze (bei Autoflowers) ausgelöst.

Curing

Der Reifeprozess nach der Trocknung, bei dem die Blüten in luftdichten Gläsern gelagert und regelmäßig gelüftet werden. Dadurch verbessern sich Geschmack, Aroma und Wirkung.

Drainage

Sorgt dafür, dass überschüssiges Wasser aus dem Pflanzgefäß abfließen kann. Wichtige Maßnahme, um Staunässe und Wurzelfäule zu vermeiden.

EC-Wert

Misst die elektrische Leitfähigkeit der Nährlösung und gibt Aufschluss über die Menge der gelösten Salze (Dünger) im Wasser. Ein zu hoher EC-Wert kann auf Überdüngung hinweisen.

Erntezeitpunkt

Der perfekte Moment, um die Pflanze zu ernten. Wird anhand der Farbe der Trichome (milchig = höchste Potenz, bernsteinfarben = entspannendere Wirkung) bestimmt.

Feminisierte Samen

Samen, die fast ausschließlich weibliche Pflanzen produzieren. Vorteil: keine männlichen Pflanzen, die die Ernte gefährden könnten.

Flushen

Das Spülen der Pflanze mit klarem Wasser in den letzten zwei Wochen vor der Ernte, um überschüssige Nährstoffe auszuwaschen. Viele Grower schwören darauf, um den Geschmack zu verbessern und Nährstoffrückstände zu minimieren, aber tatsächlich gehen hier die Meinungen auseinander.

Photoperiodische Pflanze

Eine Cannabispflanze, die ihren Lebenszyklus nach dem Lichtzyklus richtet. Sie geht nur in die Blüte über, wenn die Lichtstunden reduziert werden (beispielsweise auf 12 Stunden Licht und 12 Stunden Dunkelheit).

HST (High Stress Training)

Trainingstechniken, die durch gezielte Verletzungen das Wachstum und die Blütenbildung optimieren. Beispiele sind Topping und Supercropping.

Hydroponik

Eine Anbaumethode, bei der die Pflanze ohne Erde wächst und stattdessen über eine Nährlösung mit Wasser versorgt wird.

Indica

Eine der zwei Hauptarten von Cannabis. Indica-Sorten sind meist kompakt, haben breite Blätter und eine entspannende Wirkung.

Keimung

Der Prozess, bei dem ein Samen zu keimen beginnt und eine Wurzel sowie die ersten Blätter ausbildet.

LST (Low Stress Training)

Eine Technik, bei der die Pflanze sanft gebogen und angebunden wird, um das Wachstum zu steuern und eine bessere Lichtverteilung zu ermöglichen.

Luftfeuchtigkeit

Der Anteil an Wasser in der Luft. In der Wachstumsphase sollte sie höher sein (60–70 %), in der Blütephase niedriger (40–50 %), um Schimmel zu vermeiden.

Nährstoffmangel

Ein Zustand, in dem der Pflanze essenzielle Nährstoffe wie Stickstoff, Phosphor oder Kalium fehlen. Zeigt sich oft durch verfärbte oder verkümmerte Blätter.

Outdoor-Grow

Anbau im Freien, oft im Garten oder auf dem Balkon. Die Pflanzen sind auf Sonnenlicht angewiesen und müssen vor Wettereinflüssen und Schädlingen geschützt werden.

pH-Wert

Der Säuregehalt des Wassers oder Substrats. Wichtig für die Nährstoffaufnahme: In der Erde sollte der pH-Wert zwischen 6,0 und 7,0 liegen, in Hydro-Systemen zwischen 5,5 und 6,5. Ist der pH-Wert stark außerhalb der Toleranz, kommt es zum „Nutrient-Lockout“ – die Pflanze kann Nährstoffe nicht mehr aufnehmen, selbst wenn genügend Nährstoffe vorhanden sind.

Popcorn-Buds

Kleine, luftige Blüten, die oft an den unteren Zweigen wachsen. Entstehen meist durch mangelndes Licht oder zu dichtes Blätterwachstum.

SCROG (Screen of Green)

Eine Anbautechnik, bei der die Pflanze durch ein Netz geführt wird, um die Blüten gleichmäßig zu verteilen und eine maximale Lichtausbeute zu erzielen.

SOG (Sea of Green)

Methode, bei der viele kleine Pflanzen auf engem Raum angebaut werden, um schnellstmöglich eine hohe Ernte zu erzielen.

Sativa

Die zweite Hauptart von Cannabis. Sativa-Sorten wachsen oft hoch, haben schmale Blätter und eine aktivierende, kopflastige Wirkung.

Stecklinge (Clones)

Ein Ableger einer Mutterpflanze, der genetisch identisch ist. Stecklinge sind eine schnelle Möglichkeit, neue Pflanzen zu ziehen, ohne vom Samen aus starten zu müssen.

Supercropping

Eine Technik, bei der Stängel vorsichtig geknickt werden, um das Wachstum der Pflanze zu kontrollieren und mehr Haupttriebe zu fördern.

Topping

Eine Methode, bei der die oberste Spitze der Pflanze entfernt wird, um das Wachstum in die Breite zu lenken und mehrere Haupttriebe zu fördern.

Trichome

Die winzigen, harzigen Kristalle auf den Blüten, die Cannabinoide und Terpene enthalten. Ihre Farbe zeigt den Erntezeitpunkt: klar (noch nicht reif), milchig (höchstes THC-Level), bernsteinfarben (beruhigend, Abbau von THC zu CBN).

Vegie-Phase (Wachstumsphase)

Die Phase vor der Blüte, in der die Pflanze Blätter und Zweige bildet. Je nach Sorte dauert sie 3 bis 8 Wochen.

Wet Trimming vs. Dry Trimming

Zwei Methoden des Blütentrimmens. Beide haben Vor- und Nachteile, je nach Lagerung und Verarbeitungsmethode:

- Wet Trimming = Blätter direkt nach der Ernte entfernen.
- Dry Trimming = Blätter erst nach der Trocknung entfernen.

YouTube:

https://www.youtube.com/@pottplanter

Discord:

discord.gg/pottplanter

Instagram:

https://www.instagram.com/pott_planter/

Dein erster Grow war erst der Anfang!

So, das war's. Du hast jetzt alle wichtigen Infos, die du für deinen ersten (oder nächsten) legalen Grow brauchst. Von den ersten kleinen Keimlingen bis zu einer vernünftigen Ernte – alles drin. Wenn du es bis hierhin geschafft hast, dann Glückwunsch! Du weißt jetzt mehr als 90 % aller Anfänger, die völlig planlos loslegen und sich dann wundern, warum ihre Pflanzen aussehen wie vertrocknete Bonsais.

Aber jetzt mal ehrlich: Das war erst der Anfang.

Jeder Grow macht dich besser

Anbauen ist wie Fahrradfahren. Beim ersten Mal eierst du noch rum und hast vielleicht einen kleinen Unfall (aka Schimmel, Nährstoffmangel oder ein paar traurige, luftige Blüten). Beim zweiten Mal läuft's schon runder, und irgendwann denkst du nicht mehr drüber nach – du machst einfach. Jeder Grow bringt dir neue Erkenntnisse, bessere Ergebnisse und mehr Feingefühl für deine Pflanzen.

Bleib neugierig und probiere aus

Jetzt, wo du die Basics draufhast, kannst du dich austoben. Willst du größere Ernten? Probiere Trainingstechniken aus. Willst du weniger Stress? Teste pflegeleichte Strains. Bock auf was Exotisches? Schau dir die Mutationen an. Hauptsache, du hast Spaß an der Sache – darum geht's am Ende.

Und falls du doch mal ein Problem hast, das hier nicht behandelt wurde (oder einfach sehen willst, wie das alles in Aktion aussieht): Schau auf meinem YouTube-Kanal „Pott Planter" vorbei. Da gibt's regelmäßig neue Videos, Experimente und Antworten auf die häufigsten Fragen aus der Community. Ansonsten schau mal auf unserem Discord-Server vorbei – dort sind mittlerweile über 10.000 Leute wie du und ich, die sich täglich mit Fragen und Antworten zu diesem Thema aufhalten. Man schreibt, postet seine Fotos, macht bei kleinen Events mit oder unterhält sich per Voice-Chat mit den Jungs und Mädels, die gerade online sind.

Bleib dran, hab Geduld mit deinen Pflanzen – und noch wichtiger: Hab Spaß am Growen.

Viel Erfolg & fette Ernten!

Dein Stefan

Liebe Leserin, lieber Leser,

hat Ihnen dieses Buch gefallen?
Ihr Feedback, Ihre Anregungen und Ihre Kritik bedeuten uns viel, denn sie helfen uns, unsere Bücher kontinuierlich zu verbessern.

Die Meinung und Zufriedenheit unserer geschätzten Leserinnen und Leser stehen im Mittelpunkt unseres Schaffens. Ihre Gedanken sind uns wichtig.

Zögern Sie daher nicht, uns zu kontaktieren und Ihre Gedanken mit uns zu teilen. Senden Sie uns einfach eine E-Mail an:
feedback@eulogiaverlag.de

Besuchen Sie auch gern unsere Verlagsseite und entdecken Sie weitere spannende Bücher unter:
www.eulogiaverlag.de

Wir sind gespannt auf Ihre Nachricht und freuen uns darauf, von Ihnen zu hören!

Herzlichst
Ihr Eulogia Verlag